变像管分幅相机技术

白雁力 著

陕西新华出版
陕西科学技术出版社
Shaanxi Science and Technology Press
西安

图书在版编目（CIP）数据

变像管分幅相机技术／白雁力著. --西安：陕西
科学技术出版社，2023.5
ISBN 978-7-5369-8607-7

Ⅰ. ①变… Ⅱ. ①白… Ⅲ. ①变像管-看谱镜-研究
Ⅳ. ①TN143

中国版本图书馆 CIP 数据核字（2022）第 233534 号

变像管分幅相机技术

（白雁力　著）

责任编辑	郭　勇　焦　洁
封面设计	卓群图书

出　版　者	陕西科学技术出版社
	西安市曲江新区登高路 1388 号陕西新华出版传媒产业大厦 B 座
	电话（029）81205187　传真（029）81205155　邮编710061
	http：//www. snstp. com
发　行　者	陕西科学技术出版社
	电话（029）81205180　81206809
印　　刷	陕西隆昌印刷有限公司
规　　格	787mm×1092mm　16 开本
印　　张	11. 75
字　　数	260 千字
版　　次	2023 年 5 月第 1 版
印　　次	2023 年 5 月第 1 次印刷
书　　号	ISBN 978-7-5369-8607-7
定　　价	69. 00 元

目　　录

第1章　惯性约束聚变发展概况

1.1　惯性约束聚变

1.1.1　惯性约束聚变概述

核聚变(Nuclear Fusion)也称为热核聚变反应(Thermonuclear Fusion Reaction)，主要是指由轻质量的原子(通常是氢的同位素氘 Deuterium 和氚 Tritium)在超高温和高压条件下，发生原子核互相聚合作用，产生质量较重的原子核氦(Helium)，并释放出巨大的能量和大量的中子，其反应原理如图 1-1 所示。理论上，1kg 的氘通过完全聚变释放的能量相当于11000t 煤炭所产生的能力。目前利用轻核聚变原理，研究者已经实现了氘氚(DT)核聚变反应，例如氢弹爆炸，但由于氢弹属于一种不可控制的爆炸性核聚变，因此氢弹产生的瞬间能量释放会给人类带来严重的灾难，所以如果能让核聚变反应按照人们的需要，长期持续释放能量，才有可能使核聚实现发电，并掌握核聚变能量释放的有效利用。

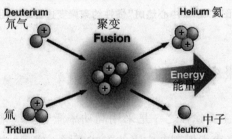

图 1-1　核聚变反应的基本原理示意图

惯性约束聚变(Inertial Confinement Fusion)是利用粒子的惯性作用来约束粒子本身，从而实现核聚变反应的一种方法，其基本思想是：利用驱动器提供的能量使靶丸中的核聚变燃料(氘和氚)形成等离子体，在这些等离子体粒子由于自身惯性作用还来不及向四周飞散的极短时间内，通过向心爆聚作用被压缩到高温和高密度状态，由此产生核聚变反应。由于这种实现核聚变的方式主要是依靠等离子体粒子自身的惯性约束作用，因此称之为惯性约束聚变。同时，惯性约束聚变也称为激光惯性约束聚变或"靶丸聚变"，是一种受控核聚变技术，不仅是新能源获取的重要途径，而且也是获取热核武器理论和实验数据的主要途径。受控核聚变实现的基本条件是：采用高功率激光将燃料加热到极高的温度，并且在足够长的时间内能将高温高密度等离子体约束在一起。受控核聚变是利用高功率的脉冲能束均匀照射微球氘氚靶丸，由靶面物质的消融喷离产生的反冲力使靶内氘氚燃料快速地爆聚至超高密度和热核温度，从而点燃的高效率释放聚变能的微型热核爆炸。

惯性约束聚变的实现过程主要由激光辐射、内爆压缩、聚变点火和聚变燃烧4个阶段组成，其基本原理和过程如图1-2所示。第一阶段为激光辐射阶段。在该阶段中，强激光束快速加热氘氚靶丸表面，使之形成一个等离子体烧蚀层。第二阶段为内爆压缩阶段。在该阶段中，驱动器的能量以激光或X射线形式迅速传递给烧蚀体，使之加热并快速膨胀，当靶丸表面的热物质向外喷发时，根据动量守恒原理，剩余的热物质部分则向中心挤压，反向压缩燃料。第三阶段为聚变点火阶段。在该阶段中，通过向心聚爆过程，使氘氚核燃料达到高温和高密度状态，并产生聚变。第四阶段为聚变燃烧阶段。在该阶段中，聚变在被压缩燃料内部蔓延，使之产生数倍的能量增益，输出大量的能量。在惯性约束聚变的过程中，激光辐射、内爆压缩和聚变点火3个阶段是实现增压和能量时空压缩关键的物理过程，而聚变燃烧属于释放能量阶段，即实现中心热斑点火。

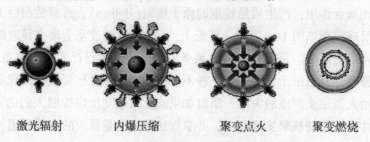

图1-2 "中心热斑"惯性约束聚变过程示意图

1.1.2 惯性约束聚变实现方法

惯性约束聚变实现的主要途径之一是采用高功率激光驱动靶丸内爆，即实现"中心热斑"点火，根据高功率激光束引燃靶丸内爆的方式不同，实现"中心热斑"点火的方法主要有3种：直接驱动方式（Direct Drive）、间接驱动方式（Indirect Drive）和快点火方式（Fast Ignition）。

1. 直接驱动方式

直接驱动方式的基本工作原理如图1-3所示，该方式直接将高功率激光的能量均匀地辐射到含有氘氚元素的靶丸表面，以此获得靶丸内爆对称性和高增益。高功率激光与靶壳相互作用产生的等离子体向外膨胀，其产生的反向压力驱动剩余靶壳向内运动压缩靶丸产生聚变，实现"中心热斑"点火。直接驱动方式具有激光能量利用高效率的优点，但其不足之处在于实现聚变难度较高，由于要对氘氚元素靶丸实现高倍率的压缩，因此高功率激光束必须在立体角为 4π 的范围内对靶丸面均匀辐射，而且激光光束的强度分布也要求非常均匀，此外，靶壳的厚度还必须远远小于靶丸的初始半径。

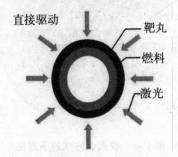

图 1-3   直接驱动方式原理示意图

2. 间接驱动方式

间接驱动方式的基本工作原理如图 1-4 所示，该方式采用高功率激光束照射高原子序数元素制成的靶腔，将激光光束能量转换为 X 射线辐射，X 射线经腔内输运热化后，再对氘氚靶丸表面进行加热，并通过压缩靶丸的方式触发核聚变，实现"中心热斑"点火。在间接驱动方式中，X 射线辐照靶丸比高功率激光辐照更为均匀，可有效避免因激光能量不稳定性而造成的靶丸压缩失败，但由于 X 射线在腔内运输过程中造成能量弥散，降低了高功率激光能量的利用率，因此需要的辐照靶丸的激光能量要比直接驱动方式高很多。

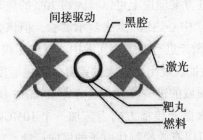

图 1-4   间接驱动方式原理示意图

3. 快点火方式

直接驱动和间接驱动 2 种方式都要求高功率激光驱动器具有百万焦耳量级的输出能量，但就目前世界各国高功率激光驱动器能量参数指标，要实现"中心热斑"点火还存在非常大的困难。因此，为了降低实现"中心热斑"点火所需的激光驱动能量和减少对聚变内爆过程对称性的要求，国内外研究者提出了一种新的"中心热斑"点火方案，即快点火方式，该方式的基本工作原理如图 1-5 所示，其基本思想是将靶丸内爆压缩过程和点火热斑形成过程分别独立实现，在这两个过程中仅需要较低的激光驱动能量(即直接或间接驱动方式激光能量的 1/10)就能获得较高的增益，并且还能降低对聚变内爆对称性的要求。

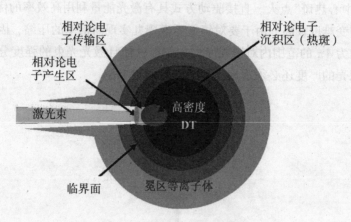

图 1-5　快点火方式的原理图

采用快点火方式实现"中心热斑"点火需要经过 3 个阶段：第一阶段，采用纳秒量级的宽脉冲激光对称压缩燃料靶丸，目的是增加燃料气体的密度，使其高于 300 g/cm³；第二阶段，采用大约 100ps 脉宽和 10^{18} W/cm² 光强的高功率激光辐射高密度靶丸，目的是在靶丸上打出一个洞；第三阶段，采用大约 10ps 脉宽和 10^{20} W/cm² 光强的 PW 级激光对靶芯快速点火，产生大量 MeV 量级的超热电子，目的是将靶芯燃料局部温度上升至点火状态，从而实现靶丸的快点火。由于拍瓦级激光产生的电子束发散角非常大，因此通常只有较少一部分电子能最终到达靶丸中心。为此有关研究者于 2001 年提出了将一个中空的金属锥插入靶丸内，以此让电子束在距靶丸中心更近的位置产生，从而能部分地克服电子束发散角过大引起的问题。这一改进方案理论上可以将大约 20% 的激光能量转换到靶中心，并采用脉宽为 600fs 的激光进行了"中心热斑"点火演示实验。但该方案在美国 OMEGA 激光装置上利用脉宽为 10ps 的点火激光进行的类似实验中，仅仅能观测到大约 3% 的能量转换效率。2 种实验对此种方案的验证表现出相当大的差异，这也一度成为快点火研究领域的巨大困扰，甚至影响到了整个领域的进一步发展。于是在 2015 年，研究者提出了外加磁场辅助点火方案，该方案在点火激光传播方向上施加一个 10MGs 量级的外加磁场，其目的有 2 方面：一是，外加磁场可以有效抑制住电子的横向运动，让电子沿着激光传播方向运动传输到靶中心，从而消除电子束大发散角的影响；二是，采用无锥靶不仅能够避免激光预脉冲或预等离子体的影响，而且还能消除插入锥后对靶压缩过程对称性的破坏。采用脉冲为 6ps 和能量为 1PW 点火激光的理论模拟分析显示：外加磁场能够使激光到靶中心的能量转换率提高大约 7 倍，并且高于锥靶快点火方案的能量转换效率。目前 10MGs 量级的强磁场已经能够在激光等离子体实验中产生，这也进一步提升了新的快点火方案的可行性。

1.2　惯性约束聚变中的相关研究

研究者于20世纪50年代初，已成功地将惯性约束的方式应用于氢弹的热核爆炸，然而，利用激光或带电粒子束照射燃料靶丸而实现惯性约束聚变的建议，直到60年代初激光器出现后才提出，并随着激光器的发展，在近几十年的研究中取得了重大进展。但对于"中心热斑"点火的实现而言，目前在很多方面仍处在可行性研究阶段。因此要实现实验室的内爆聚变和演示点火，必须协调发展高功率驱动器和靶(包括制靶和靶物理)等方面的工作。

1.2.1　驱动器

应用于惯性约束聚变的驱动源方案主要有2种：高功率激光器和带电粒子束。具有高功率和短脉冲特性的大型激光器是最早应用于聚变，并取得最大成就的一类驱动器，而带电粒子束驱动源则是跟随脉冲功率技术而逐步发展起来的。

激光驱动器具有2个特殊优点：一是，在时间与空间上的惯性约束聚变高度集中能力与可调节的性能；二是，传输上的便捷性。最常见的激光器系统主要有钕玻璃(波长 $1.05~\mu m$)、CO_2(波长 $10.6~\mu m$)、原子碘(波长 $1.315~\mu m$)和 KrF(波长 $0.248~\mu m$)等。迄今为止，大部分的聚变实验是通过钕玻璃激光器($1.05~\mu m$ 与其谐波 $0.53~\mu m$、$0.35~\mu m$ 和 $0.26~\mu m$)与 CO_2 激光器完成的。虽然钕玻璃激光器效率较低(小于1%)、成本高且重复率低，不适合作为未来聚变堆的驱动器，但是实际研究表明，较短的激光波长(小于 $1~\mu m$)能使束-靶具有较好的耦合、更低的超热电子预加热和更高的软 X 射线转换效率，而且钕玻璃激光的二次与三次谐波的转换率已可超过70%。所以，钕玻璃激光器仍然是演示原理性实验与核聚变爆炸模拟研究的最有效的手段。CO_2 激光器虽然效率高、成本低，但波长效应仍是最根本的问题。此外，大型激光器技术还包括低非线性折射率光学材料(如磷酸盐玻璃)、像传播空间滤波技术、准连续主动锁模振荡器、全电型脉冲选择开关、大孔径片状放大器、大孔径高效率频率转换技术、多光束同步、光路自动调整以及计算机控制运行等。

带电粒子束作为惯性约束聚变的驱动源是基于脉冲功率技术的发展，有关电子束、轻离子束与重离子束聚变的计划到20世纪70年代相继出现。粒子束方案的优点是能量大、效率高，主要的技术问题是束的传输、聚焦与脉冲成形。粒子束聚变是从相对论性电子束开始的，但由于电子束在能量沉积物理和靶设计方面的复杂性，已逐渐让位给离子束，尤其是能从电子束二极管稍加改变而获得的轻离子束。质量大、非相对论性的离子有较理想的能量沉积特性与不存在轫致辐射预加热等优点；而束流的聚焦是离子束聚变尚待解决的关键问题。

由于采用带电粒子束作为惯性约束聚变的驱动源，仍存在很多关键技术问题有待解决，因此目前仍采用高功率短脉冲激光驱动器进行聚变内爆实验。对于最终可用于惯性约束聚变反应堆的驱动器，不仅要求高效率（约 10%-20%）、高重复率（约 10-20 Hz）与低成本，而且并应具有以下 3 种束性能：

（1）能量约为 1-10 MJ，功率 ≥ 10 W。

（2）经几米距离（堆腔尺寸）传输后，聚焦斑点的直径约为几毫米，相应的功率密度约为 10^{-10} W/cm²。

（3）束-靶的耦合应当有效。

1. 国际上大型激光驱动器的发展

（1）美国自 1975 年起，在劳伦斯利弗莫尔国家实验室（Lawrence Livermore National Laboratory，LLNL）已建立了 6 代固体激光器，输出功率提高了将近 5 个量级，代表性的激光器主要有 NOVA、OMEGA、Petawatt 和 NIF 等，其规模分别如图 1-6 至 1-9 所示，这些大型激光器的发展历程如下所述。

1985 年，建成的 NOVA 激光器如图 1-6 所示，该激光器是一台钕玻璃激光器，10 路激光束通过高反射率镜面系统可同时到达靶室中央；1994 年，NOVA 完成精密化，在 0.35 μm 波长和 4 万丁以 2.5mm 脉冲运行下，可产生 $16×10^{12}$ W 的激光。

1995 年，Rochester 大学建成的 OMEGA 激光器如图 1-7 所示，该激光器具有 60 路激光光束，输出能量为 30 kJ。

1996 年，LLNL 建立的 Petawatt 激光器如图 1-8 所示，该激光器可实现拍瓦（10^{15} W）量级的功率输出。

2010 年，国家点火装置（National Ignition Facility，NIF）完成了其首次综合点火实验，其规模如图 1-9 所示。该激光器采用 350 nm 波长、能量为 1~1.3 MJ 的激光束，间接驱动中心热斑靶（HSI）聚变。最初 NIF 设想聚变能量增益 G 能（聚变能与驱动激光能之比）达到 10 左右，但实际测试中未达到预期效果；2012 年，NIF 通过最后一个聚焦透镜的激光能量已达到 2.03 MJ，射向靶室的能量已达 1.875 MJ。目前，NIF 正在准备将激光能量提升到 2.0 MJ，并进行"中心热斑"的点火实验。

图 1-6　1985 年建成的 NOVA 激光器

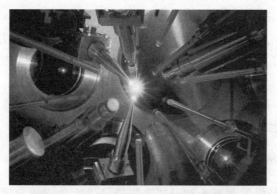

图 1-7　1995 年建成的 OMEGA 激光器

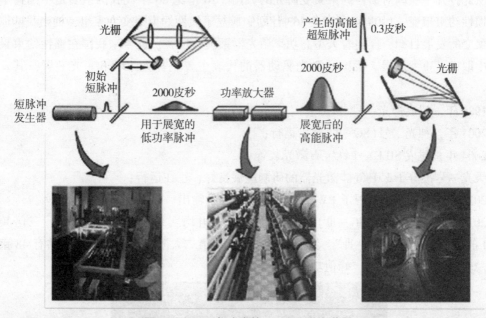

光栅

产生的高能
超短脉冲　0.3皮秒

初始
短脉冲

2000皮秒

短脉冲
发生器

2000皮秒

功率放大器

光栅

用于展宽的
低功率脉冲

展宽后的
高能脉冲

图 1-8　1996 年建成的 Petawatt 激光装置

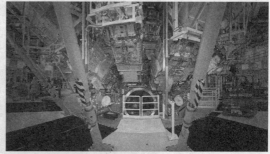

（a）NIF 激光器的规模　　（b）用于 NIF 激光器的诊断靶室

图 1-9　国家点火装置 NIF

（2）除美国之外，法国和日本也研制了高功率大型激光器，例如法国的 PHEBUS 激光器装置（脉宽约为 1 ns、激光束为 2 路、输出能量为 2 ×4 kJ），百万焦耳装置（LMJ）（3~5 ns、240 路、118 MJ），P102 超短脉冲激光器（约 350 fs、1 路、55 TW）；日本的 GEKKO2 XII 装置于 20 世纪 80 年代中建成（1 ns、12 路、5~8 kJ），超短脉冲装置（1 ps、1 路、100 J），2015 年日本也研制成功 PW 级高功率激光器系统，输出功率为 ~2PW（2000 万亿 W），激光脉冲的持续时间为 1 ps。

2. 我国激光驱动器的发展

1964 年，我国核科学的奠基人和开拓者王淦昌先生独立提出了激光驱动核聚变的构想，从此打开了我国对惯性约束聚变研究的大门。20 世纪 80 年代我国主要是中国科学院研究惯性约束聚变，1993 年国家在 863 计划中成立了惯性约束聚变专家组，提出我国惯性约束聚变的发展目标，伴随着大型高功率激光器系统的发展，近年来我国在惯性约束聚变研究中取得了重大进展。我国的激光驱动器的代表主要是神光工程和星光装置，其发展如下：

1986 年，建成神光一号（SG-Ⅰ）、星光装置；

2001 年，神光二号（SG-Ⅱ）开始运行；

2004 年，建成 SILEX-I 钛宝石激光装置；

天光一号准分子 KrF 气体激光器的研制进展良好，正在运行；

2014 年，SG-Ⅱ，实现了 PW 级能量的激光脉冲输出。

2015 年，神光三号（SG-Ⅲ）主机装置六个束组均实现了基频光 7500J、三倍频光 2850J 的能量输出。"神光-Ⅲ"，为亚洲最大、世界第二大激光装置。该装置共有 48 束激光，总输出能量为 18 万 J，峰值功率为 60 万亿 W。

图 1-10　我国的神光Ⅲ号工程的诊断靶室

1.2.2　靶

靶是聚变"中心热斑"点火的核心部分,其结构决定了束-靶耦合与爆聚物理的特征。由于靶的设计在表面光洁度、材料成分、同心度以及壳层结构等方面都具有非常苛刻的要求,因此靶的制造与质量检测是一项涉及高精密工艺技术的艰难课题。在惯性约束聚变中,基本的靶设计模包括直接驱动靶和 X 射线驱动靶。在直接驱动靶中,靶的外壳层在吸收了入射的激光或带电粒子束能量后,将直接驱动爆聚,而在 X 射线驱动靶中,靶在吸收了入射的激光或带电粒子束能量后,首先将其转换成软 X 射线辐射,然后再利用内含在靶腔体中的辐射,对称地驱动置于腔体内的燃料球丸爆聚。采用 X 射线驱动靶,既使是利用较少路数的高功率激光或带电粒子束进行靶丸的非对称辐照,也能够比较容易地获得高度球对称的爆聚,目前利用 X 射线驱动靶,实现了 100 倍液态密度的高密度压缩。在实验上,还广泛进行了激光转换成 X 射线辐射的基础研究,已证实利用短波长激光可以获得相当高(如 50%以上)的能量转换效率。由于 X 射线驱动靶的结构同核武器具有非常密切的联系,所以靶结构的详细设计仍处在保密的阶段。

在已公开的直接驱动爆聚的研究结果中,已提出了多种靶结构的设计。例如,早期的采用高功率激光压缩惯性约束聚变实验广泛使用的是玻璃球壳靶,其内部被填充低密度(10^{-10} g/cm)氘氚气体的薄壁(壁厚约 1 μm,直径约 100 μm)。在这类所谓"爆炸—推进"型结构较简单的靶中,内爆聚变实际上是由射程与玻璃壳壁厚相当的超热电子所驱动,但是这类靶不可能实现高密度的内爆聚变。而能够达到高增益和高密度内爆聚变的靶叫做消融型压缩靶,它是一种多层复合靶,其特点是靶尺寸较大和结构极其复杂,因此靶的制造工艺和技术要求都相当高。

在靶研究方面,美国 LLNL 在 NOVA 和 OMEGA 大型高功率激光器系统上做了"中心热斑"点火前的实验和理论分析,在激光与靶耦合、内爆动力学、辐射流体力学和流体力学不稳定性等方面获得了大量有效研究数据,并通过实验数据优化了 LASNEX(美国的一种流体力学程序),使理论模拟能够有效地指导实验测试,为 NIF 大型激光器系统的建造提供了大量理论和实验数据;日本则以采用直接驱动方式为主,通过 GEKKO2 XII高功率大型激光器系统做了大量实验研究,在激光与等离子体相互作用、激光与靶耦合、内爆动力学和流体力学不稳定性等方面获得了良好成绩;而近年来我国在激光等离子体特性、激光与靶耦合、X 射线辐射特性和高压状态方程等方面的研究也取得了重大研究进展,其中在靶设计方面建立了软件包 LARED,在实验上,通过神光 I 号激光驱动器打靶实验,捕获了间接驱动热核中子,在神光 II 号激光驱动器打靶实验中捕获了爆推靶 $4×10^9$ 热核中子。

1.3 惯性约束聚变诊断技术

惯性约束聚变研究的对象是通过高功率激光打靶后，产生的具有高温和高密度特性的等离子体，这些等离子体的辐射不仅能遍布整个电磁波谱，而且还能发射大量的电子、中子、α粒子和其他粒子。对这种高能等离子体的密度、温度及其瞬态变化的测量和分析，需要采用特殊的技术实现，此外由于惯性约束聚变的特殊性，以及对超高时空分辨技术的要求，这使得超快诊断技术在诊断实验中，成为测量等离子体特性和分析瞬态内爆聚变过程不可或缺的一部分。

对惯性约束聚变中靶的诊断主要是研究激光打靶后所发射的电磁辐射，尤其是极为丰富的 X 射线辐射以及高能粒子的特性。惯性约束聚变诊断的目的是研究靶在内爆聚变瞬态过程中的时间和空间演化，尤其是在靶外围的晕区、消融区和中心爆聚区等位置发生的能量输运和时空演化过程。目前惯性约束聚变诊断的实验内容主要包括以下 4 个方面：

（1）能量的平衡测量，主要包括通过 X 射线、光学和等离子体等多种能量分量测量系统测试获得的能量特性。

（2）能量的时间分辨性能测量，主要包括通过扫描条纹相机、X 射线分幅相机、快 X 射线二极管阵列和热释电等诊断设备，测量获得的等离子体辐射时间特性。

（3）能量的空间分辨性能测量，主要包括通过不同波段成像系统和设备测量获得的等离子体辐射空间特性，例如 X 射线波段的针孔相机和编码孔径相机，X 射线 Kikpa-trick-Baez 和 Wolter 显微成像系统，光学波段的显微光学成像系统，以及用于 α 离子和中子成像的针孔成像和波带编码系统等。

（4）内爆聚变中子诊断，主要是指对激光打靶实验中子产额、中子能谱、中子时间特性和空间特性以及<ρr>的诊断。

目前，我国惯性约束聚变诊断实验主要研究对象是针对包含丰富等离子体瞬态信息的 X 射线，采用的主要诊断系统如图 1-11 所示，该系统为神光 II 靶室主诊断设备系统，在靶室外部安装的探测器主要包括散射光卡计、等离子体能量卡计、X 射线分幅相机、扫描条纹相机、X 射线针孔相机等 10 多种，共计 40 多个探头，其中 X 射线、光学、粒子和等离子体和快粒子 4 个方面的诊断设备及其技术指标见表 1-1 至表 1-4。

(a)靶室外部　　　　　　　　　　　(b)靶室内部

图 1-11　神光 II 靶室主诊断设备系统

表 1-1　X 射线诊断设备及其技术指标和用途

诊断类别		诊断设备名称	诊断主要指标	主要诊断用途
X 射线诊断	能谱与辐射强度测量	X 射线滤片-二极管阵列谱仪	测谱范围：0.2~1.5 keV 能谱分辨：10%；不确定度：28%	辐射温度
		平响应 XRD 阵列角分布测量系统	测谱范围：0.2~1.5 keV 不确定度：28%	X 射线辐射强度角分布
		X 射线透射光栅谱仪	测谱范围：0.2~10nm 能谱分辨：0.05~0.5nm； 不确定度：20%	软 X 射线连续谱测量
		掠入射平场光栅谱仪	测谱范围：1~30 nm 能谱分辨：0.03~0.05nm	Opacity（不透明度）
		晶体谱仪	测谱范围：0.2~0.8nm 能谱分辨：1/100~1/1000	线谱测量
		滤片-荧光谱仪	3~300 keV	硬 X 射线连续谱和强度
	空间分布	X 射线针孔相机	5 μm 空间分辨 10^{-6}sr 接收角；1~3 keV 能区	时间积分二维空间测量
		Wolter 显微镜	7 μm 空间分辨 10^{-4}sr 接收角；1.5~3 keV 能区	时间积分二维空间测量
		环孔显微镜	5 μm 空间分辨 10^{-5}sr 接收角；1.5~3 keV 能区	R-T 不稳定性内爆
	时间过程	X 射线条纹相机	10 ps 时间分辨，0.1~10 keV 能区 10 pl/mm 空间分辨，30 倍动态范围	一维时空分辨测量
		X 射线分幅相机	60 ps 时间分辨 20 pl/mm 空间分辨	一维时间和二维空间分辨测量

表1-2 光学诊断设备及其技术指标和用途

诊断类别		诊断设备名称	诊断主要指标	主要诊断用途
光学诊断	光学能量	硅光二极管阵列激光能量计	灵敏度：100mV/mJ；80个方位 不确定度：8%（单探头）； 15%（总能量）	散射激光
	光谱	多道光学光谱仪	谱分辨：0.1 nm 可同时获取8个方位的散射光能谱	高次谐波
	时间特性	光学条纹相机	时间分辨：2ps，可同时获取13个方位的散射光时间行为	非线性过程
	冕区等离子体状态	四分幅紫外探针光系统	波长 308 nm 空间分辨 2 μm；时间分辨 30 ps 电子密度测量标准不确定度 20%	冕区等离子体密度
		Thomson探针光系统	空间分辨 100 μm；时间分辨 10ps 电子温度测量标准不确定度 20%	冕区等离子体温度

表1-3 粒子等离子体诊断设备及其技术指标和用途

诊断类别		诊断设备名称	诊断主要指标	主要诊断用途
粒子等离子体诊断	能量	差分量热计阵列	灵敏度：100 mV/mJ 不确定度10%；80个方位	等离子体能量角分布
	聚变中子	BF3 中子产额测量系统	产额测量范围：$10^3 \sim 10^5$； 不确定度：3%	中子产额
		Cu 活化法中子产额系统	产额测量范围：$10^7 \sim 10^{10}$， 不确定度：5%	中子产额
		闪烁探测器系统	tr≤450ps， 不确定度：15%	中子产额
	聚变中子带电粒子	中子飞行时间谱仪	时间测量误差：0.5ns， 离子温度测量误差：20%	热核区离子温度
		45°入射离子飞行时间谱仪	能量分辨：7%； 电荷分辨：5%	离子份额及能谱
	带电粒子快电子强度和能谱	α 粒子菲涅尔波带板成像系统	空间分辨：10μm	热核区图像
		热释光片 LiF	快电子强度，空间分辨 3 mm×3 mm	快电子角分布

表 1-4 快粒子诊断设备及其技术指标和用途

诊断类别		诊断设备名称	诊断主要指标	主要诊断用途
快粒子诊断	快电/离子强度和能谱	电子磁谱仪	20 keV~8MeV 能区 分辨能力 5%	快电子能谱
		CR-39 固体径迹探测器	最低质子能量 30 keV 单离子效率 100%	快离子角分布
	快离子强度和能谱	辐射变色膜	商品指标	快离子角分布
		离子磁谱仪	30 keV~2MeV 能区	快离子能谱

第2章　超快诊断和变像管技术

2.1　超快诊断技术

视觉暂留现象（Visual Staying Phenomenon，VSP）也称作"余晖效应"，是指当被观察的动态物体消失后，人眼视网膜上仍可以保留其影像一段时间的现象。在科学研究上，将该现象的持续时间称为人眼的时间分辨率（或者时间分辨能力），经实验测量验证"视觉暂留"的时间（即人眼的时间分辨率）是大约 1/24s。由于人眼的时间分辨能力非常有限，因此人们在观测事物变化时，只能观察到事物变化的初始和结束状态，而对于分辨事物在快速变化过程中的瞬间状态无能为力。

超快现象是一种持续时间快于 10 μs 的瞬态变化过程，对这种瞬态现象的研究广泛存在于自然科学技术领域。常见的超快现象如图 2-1 所示，主要包括光合作用过程中的能量传递现象、激光材料中的超快光激发态弛豫过程、光致电离过程等高时空分辨物理过程。由于人眼的视觉暂留效应，人们无法直接对超快现象的变化过程进行观察和分析，特别是对于事物变化内在过程的研究和事物变化瞬间细节的观测。为了弥补人眼分辨超快现象能力的不足，就需要有一种工具（或技术），把极短时间内的瞬态变化过程在时间上实现放大。目前，能满足瞬态现象"时间放大"需求的是超快诊断技术，该技术在对超快过程的测量中，采用时空信息的图像形式描述，其测量结果直观、快速和清晰的优点，对于研究自然科学、能源、材料、生物、光物理、光化学、激光技术、强光物理、高能物理等领域的超快现象具有举足轻重的意义。

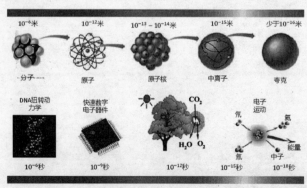

图 2-1　常见的高时空分辨物理过程示意图

超快诊断技术的提出为实现超快现象的"时间放大"提供了理论基础,而超快诊断设备的研制成功才将"时间放大"理念变为现实。从 19 世纪中叶至今,超快诊断设备在工作原理和结构组成方面都获得非常大的进步,总体上可以将超快诊断设备划分为光学机械高速相机、电光或磁光快门高速相机、变像管高速相机 3 大类,各类设备的特点如下。

1. 光学机械高速相机

该类型的高速相机利用光机组件(例如间歇式抓片结构、鼓轮、高速旋转反射镜等)的高速运动或转动,在胶片上实现对超快现象的成像。优点是画幅数量多和成像质量高,缺点则是受材料性能的限制,时间分辨率最优只能达到 ns 量级,而且不适合微光条件下探测。

2. 电光或磁光快门高速相机

该类型高速相机通过电光或磁光快门(即克尔盒或者法拉第快门),获得时间分辨率达到 ps 量级的瞬态图像。但是由于此种快门本身对入射光损失比较大,而且还存在漏光现象,这会使引起的灰雾严重影响正常成像,并限制时间分辨率的进一步提升。

3. 变像管高速相机

基于时空映射测量的变像管高速相机是实现 ps 到 fs 量级时间分辨的超快现象诊断的重要技术途径。与前两种高速相机相比,具有明显优势,主要表现在:

(1)时间分辨率高:理论上极限时间分辨率可达到 10^{-14}s。

(2)光谱响应范围宽:选用不同的光电阴极材料,可记录从红外波段到 X 射线的光辐射图像。

(3)光增益高:配置各种像增强器件,可提高微光条件下的探测灵敏度。

由于变像管的突出优点,因此变像管高速相机在超快诊断领域得到了广泛的应用。在技术实现形式上变像管高速相机主要包括:扫描变像管相机(几皮秒到几百飞秒的时间分辨和微米级空间分辨)、分幅相机(几皮秒到几十皮秒的时间分辨和微米级空间分辨)、超快电子显微技术(纳米级空间分辨)和光示波器(GHz 重频)等方式,其中以分幅变像管为核心器件的分幅相机由于具有超高时间分辨性能(皮秒级)、二维空间分辨性能(微米级)、测量可重复性、高灵敏度和大动态测量能力等特点,是实现皮秒时间分辨率下辐射目标超高速时/空/谱量精密化测量和二维动态图像拍摄的重要手段,一直是二维超快诊断领域中发展最活跃的一个分支。

2.2　变像管技术

变像管是一种能将不同波段光转换为可见光的器件,其核心组件是具有光敏感效应的光电阴极。当不同波段的光照射或辐射到光电阴极上时，变像管产生光电发射，光电子经过电子光学成像系统后，实现光谱变换，其主要科技应用成果包括同步重复扫描变像管、飞速扫描变像管、通用变像管扫描照相机、皮秒(亚皮秒)扫描变像管和微带分幅高速 X 射线变像管等。

变像管基本结构如图 2-2 所示，主要由输入光纤面板、光电阴极、电子光学系统(控制电极，阳极和聚焦极)、荧光屏和输出光纤面板组成。变像管工作原理：当外来辐射图像成像于光电阴极时，光电阴极激发出光电子，光电子经加速或经电子透镜聚焦并加速后，轰击荧光屏使之产生较亮的可见光图像。常见的变像管种类主要有 3 种：红外变像管、紫外变像管和选通式变像管。

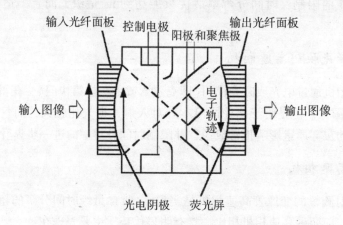

图 2-2　变像管的基本构成

1. 红外变像管

红外变像管的基本结构如图 2-3 所示，主要由红外物镜和荧光屏组成，变像管对于波长小于 1.15 μm 的近红外辐射，可利用银-氧-铯光电阴极直接进行变换，而对于波长大于 1.15 μm 的近红外辐射，可利用光电导技术进行间接变换。该技术的原理为入射的红外辐射图像经红外物镜成像在光电导靶上，在靶面上形成相应的电势分布图像。当电子枪发射的电子束在偏转磁场的作用下，入射到靶面上时，就会受到电势图像的调制，使原入射的电子束中有一部分电子再经偏转磁场和电场的作用而返回到荧光屏上，使之发出荧光。红外变像管通常可用于红外夜视仪器的设计，观测物理实验、激光器校准和夜间生物活动等。1934 年，荷兰人 G. Holst 的研究团队研制出世界上第一只红外变像管，变像管工作时，在平面光电阴极与荧光屏之间加载高电压，由于光电阴极与荧光屏之间的距离非常近，因此该变像管也是一种采用近贴聚焦成像系统的变像管。在此基础上，国际上相继研制出静电聚焦和电磁聚焦成像系统的变像管。

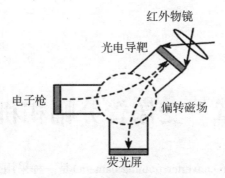

图 2-3 红外变像管基本结构

2. 紫外变像管

紫外变像管的基本结构与红外变像管非常相似，两者的区别仅仅在于光电阴极材质的选择和光谱响应上的不同。紫外变像管的光电阴极材质及其响应波段为：Sb-Cs 光电阴极（石英玻璃窗口），$\lambda > 200$ nm；CsI 光电阴极（MgF_2 或 LiF 窗口），105 nm 或 115~195 nm；Rb-Te 光电阴极（蓝宝石窗口），145~320 nm。紫外变像管通常与光学显微镜结合起来，应用于医学和生物学等方面的研究。

3. 选通式变像管

选通式变像管结构如图 2-4 所示，与其他类型变像管不同，该像管结构的特殊性是在电子光学系统的光电阴极和阳极之间增加了一对带孔栏的金属电极（即控制栅结构）。选通式变像管的工作原理是通过改变控制栅的电压，从而实现变像管导通和光电子发射的控制。当控制栅的电压比光电阴极电压低 90 V 时，变像管工作截止，而当控制栅的电压比光电阴极电压高 175 V 时，变像管工作导通。变像的工作方式主要有 2 种：其一是单脉冲触发式工作，通常可用于高速摄影技术中的电子快门；其二是连续脉冲触发式工作，通常主要用于主动红外选通成像与测距。

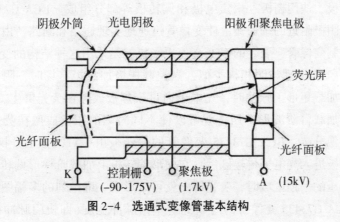

图 2-4 选通式变像管基本结构

第3章 变像管分幅相机概述

变像管分幅相机(Image converter framing camera)是一种采用变像管对图像实现光电转换、脉冲选通和增强的二维超快诊断设备,具有高时空分辨性能的优点,广泛应用于亚纳秒和皮秒瞬态变化过程的研究。在惯性约束聚变诊断实验中,分幅相机能够有效用于研究靶对称压缩和不稳定性、临界面运动规律、界面不稳定性,以及辐射场均匀性,并能有效获取内爆动力学和内爆压缩动态图像的二维空间分布。由于变像管分幅相机的光电阴极响应波段可以从紫外光延伸至 X 射线,因此如果将光电阴极的材质更换为近红外或可见光阴极,则对光物理、光化学、光生物和激光等瞬态光学现象的研究有着良好的应用前景,目前变像管分幅相机在 X 射线激光和等离子体等方面的研究中广泛应用。

变像管分幅相机按照其工作原理、结构和时空性能的发展,主要经历了栅极快门式、扫描式、近贴阴极选通式、行波选通式和时间展宽式 5 个阶段。

3.1 栅极快门式变像管分幅相机

1957 年,世界上第一只栅极快门式变像管分幅相机由美国 R. G. Stoudenheimer 和 J. C. Moor 的研究团队研制成功,该变像管型号为 RCA C73435,是一种具有静电聚焦和静电偏转功能的控制栅极快门式变像管。快门式变像管为同心球型系统,其结构如图 3-1 所示,由阴极、阳极、快门栅极、聚焦电极和偏转板等部分组成。RCA C73435 变像管利用快门脉冲加载至阴极附近的选通栅上使变像管迅速地实现通路和断路,由此产生一个快门作用,快速地控制变像管,著名的 STL 高速摄影机就是采用这种结构的变像管设计。RCA C73435 变像管的工作原理与照相机类似,当控制栅极加载拒斥场时,阴极发射的光电子不能通过它;而加载矩形正脉冲时,光电子通过聚焦极成像在荧光屏上,在这种情况下,如果在偏转板上加载台阶波形电压,就可以使不同时刻的图像成像在荧光屏上的不同位置,从而实现图像分幅。RCA C73435 变像管的偏转板由一对类似上升楔形的平板构成,当光电子穿过阳极进入光电子传输区后,在楔形偏转板上加载阶梯形偏转电压,当快门脉冲位于阶梯形电压的平顶区域时,荧光屏上就可以形成一维排列的多幅图像,实现对图像的分幅功能。RCA C73435 变像管的时间分辨率由脉冲宽度(即快门脉冲持续时间)决定,其时间分辨率的范围是 0.1 ~10 μs。由于 RCA C73435 变像管的成像系统受栅极快门电压的影响非常大,因此在工作中对快门和偏转的脉冲电压波形要求比较严格。

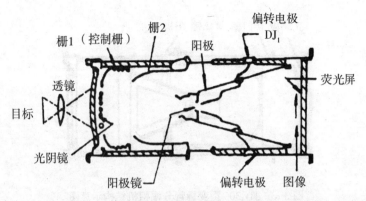

图 3-1 RCA C73435 型变像管分幅相机结构示意图

1968 年，法国 D. R. Chanler 研究团队基于 RCA C73435 变像管，通过结构优化研制成功 OBD1105 型变像管高速分幅相机，变像管的结构如图 3-2 所示。OBD1105 型变像管设计了一种花样偏转器（即由四叶结构完全相同，彼此绝缘的具有一定花样的电极组成），采用花样偏转器能使光电子在同一空间做二维偏转，可实现二维图像分幅。在测试中，OBD1105 型变像管高速分幅相机的画幅尺寸为 $\Phi 19$ mm，可获取 9 幅动态二维图像，相机的时间分辨率为 30 ns，动态空间分辨率为 15 lp/mm，静态空间分辨率为 28 lp/mm。

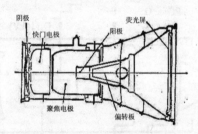

图 3-2 OBD1105 型变像管分幅相机结构示意图

20 世纪 70 年代末，在 OBD1105 型变像管的基础上，中国科学院西安光学精密机械研究所的研究团队成功研制出高性能新型变像管，型号为 JTG305，变像管结构如图 3-3 所示。JTG305 型变像管分幅相机由球面光电阴极、阳极、环状快门电极和聚焦电极组成，其中相机的聚焦系统为四电极静电聚焦，采用的圆锥形花样偏转器能实现在同一空间的两维偏转。JTG305 型分幅变像管的性能参数：静态空间极限分辨率为 30~35 lp/mm，电子光学系统的成像倍率为 0.85，光通量增益为 10~30 倍，动态范围为 128，时间和动态空间分辨率分别为 30 ns 和 6~8 lp/mm。在 3 分幅和 6 分幅两种工作模式下，相机的最快时间分辨率为 30 ns，相邻两幅图像的时间间隔为 200 ns，动态空间分辨率分别为 5~7 lp/mm 和 3~5 lp/mm。

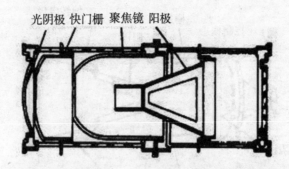

光阴极 快门栅 聚焦镜 阳极

图 3-3　JTG305 型变像管分幅相机结构示意图

前苏联研究团队曾也成功研制出同 JTG305 类似结构的 3ⴏC-1 型变像管，以该变像管为核心组件的纳秒分幅相机可实现 4 分幅，画幅尺寸为 10 mm×10 mm，时间分辨率为 10 ns、20 ns、50 ns、100 ns 和 200 ns 五挡可调，相机的固有时间延迟小于 10 ns。

20 世纪 80 年代，中国科学院西安光学精密机械研究所研究团队在 RCA C73435 改进型的基础上研制出 305-Ⅱ型变像管，其结构如图 3-4 所示。基于 305-Ⅱ变像管，我国成功研制了快门型纳秒变像管分幅相机。

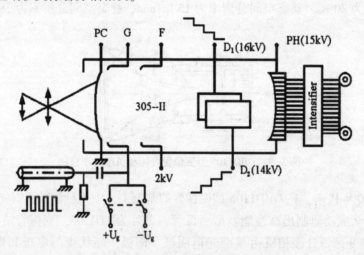

图 3-4　305-Ⅱ变像管分幅相机结构示意图

上述栅极快门型变像管 RCA C73435，OBD1105，JTG305 和 3ⴏC-1 的优点是使分幅相机的时间分辨率和重复频率具有独立性；缺点是为保证变像管分幅相机具有较好的动态空间分辨率，快门脉冲的形状必须近似于矩形波，且对上升沿要求较高；与此同时，光电子空间电荷效应会造成相机输出图像畸变和空间分辨率降低；此外，采用此类变像管的分幅相机在时间分辨率和画幅间隔时间上较长，约为数纳秒到数十纳秒。这些局限性限制了这类变像管的广泛应用。

3.2　扫描式变像管分幅相机

　　早期的扫描式变像管分幅相机采用的是前苏联于 20 世纪 50 年代研制的 ПНМ 型变像管，并通过分相机实现了对高能粒子径迹的拍摄。ПНМ 型变像管的结构如图 3-5 所示，变像管具有 4 对偏转板，采用电场进行扫描和关闭。当电子束由光阑 6 的间隙移到它的挡板上时，形成一次曝光。当偏转板 7 接地，在偏转板 5 上加载对称的斜坡脉冲和阶梯脉冲电压时，变像管分别可实现扫描和一维分幅功能；当在偏转板 7 上加载极性对称的阶梯脉冲电压时，变像管可实现二维分幅功能。在测试中，ПНМ 型变像管可获取 16 幅分幅图像，其空间分辨率为 30 lp/mm。

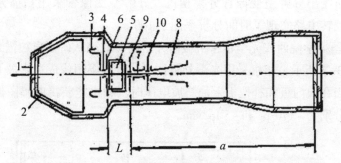

1—光电阴极；2—与光电阴极相连的金属镀层；3—聚焦光栏；

4—快门板；　　5—偏转板；　　6—孔隙屏蔽板；　7—偏转板；

8—补偿板；　　9、10—孔隙屏蔽板

图 3-5　ПНМ 型变像管分幅相机结构示意图

　　在 ПНМ 型变像管的基础上，英国研究者利用偏转板实现分幅与扫描，研制出采用偏转快门系统实现选通的 P856 型变像管[91-93]，其结构如图 3-6 所示，变像管在阳极和荧光屏之间的电子漂移区，通过快门板、光阑和补偿板实现脉冲选通。此外，研究者还采用 P856 型变像管研制了著名的 Imacon 变像管高速摄影机，其中 Imacon700 型高速摄影机的拍摄频率为 $2 \times 10^4 \sim 2 \times 10^7$ 幅/s，时间分辨率为 10 ns~10 μs；Imacon600 型高速摄影机拍摄频率为 6×10^8 幅/s，曝光时间为 2 ns。P856 型变像管的优点在于电子线路的制作较为容易(相对于栅极快门式变像管)，而缺点则是在快时间分辨率情况下，由于偏转板连接件的杂散电容和电感带来位相的变动，造成移动精确补偿的困难。

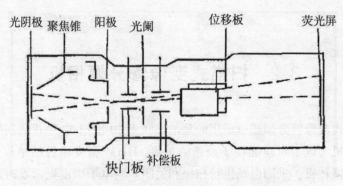

光阴极　聚焦锥　阳极　光阑　　　位移板　　荧光屏

快门板　补偿板

图 3-6　P856 型变像管分幅相机结构示意图

1976 年，美国劳伦斯利弗莫尔国家实验室（Lawrence Livermore National Laboratory，LLNL）通过二维图像在扫过狭缝时被分解为线状的电子序列，然后在重建节恢复为二维图像的设计思想，研制出分解型变像管分幅相机。分解型变像管采用扫描方式实现图像分幅，并通过快速偏转电路实现了时间分辨率优于 100 ps。

1990 年，中国科学院西安光学精密机械研究所的研究团队研制出扫描式变像管分幅相机，其结构如图 3-7 所示，相机采用光学分幅技术，将两幅图像成在阴极上，再利用偏转快门分幅技术，当在快门板和补偿板上加斜坡电压时，相机能获得四幅图像，其时间分辨率和空间分辨率分别为 ~170 ps 和 ~5 lp/mm。

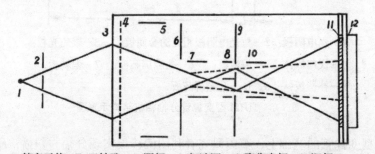

1. 等离子体　2. 双针孔　3. 阴极　4. 加速网　5. 聚焦电极　6. 阳极
7. 快门板　8. 偏转板　9. 光阑　10. 补偿板　11. 微通道板　12. 荧光屏

图 3-7　我国的扫描式变像管分幅相机结构示意图

综上所述，扫描式分幅变像管采用快门板和光阑来实现分幅。变像管在电子运动方向上加了快门和光阑，快门电压使电子束扫开，只有某段时间发射的光电子能通过光阑成像于荧光屏。在补偿板和快门板上分别加载反相电压，使从阴极同一点发出的通过光阑的电子在荧光屏上重新聚焦，偏转板使不同时刻的图像成像在荧光屏上的不同位置。变像管的时间分辨率与电子束在光阑处的扫速、光阑宽度和电子束在光阑处的宽度有关，通过减小光阑和电子束在光阑处的宽度，可以提升像管时间分辨，但过度缩小光阑和电子束在光阑处的宽度，会导致不同时刻的信息在一幅图像上呈现，以及增加了成像系统的设计难度。此外，变像管结构复杂，且对电压的波形和相位要求较高。

3.3　近贴阴极选通式变像管分幅相机

20 世纪 70 年代，伴随着微通道板(Micro Channel Plate，MCP)技术的发展，MCP 逐渐广泛应用于电子倍增器件的设计。1972 年，美国的 A. J. Lieber 研究团队提出了具有双近贴聚焦结构的变像管，其结构如图 3-8 所示。该变像管的工作原理是：在光电阴极和 MCP 之间，加载一个正的高压脉冲进行选通，在选通脉冲持续时间内有光电子通过 MCP 获得倍增电子并轰击荧光屏形成可见光图像，变像管的时间分辨率就是选通脉冲的宽度。由于 MCP 与光电阴极之间的等效电容，以及 MCP 的体电阻都比较大，因此该变像管型的时间分辨率较长(通常为 2 ~10 ns)。采用此类变像管的分幅相机具有便捷、结构小巧、增益高、成像面积大、像质均匀、无空间畸变、对快门脉冲要求较低、抗干扰强和空间分辨率高等优点，但其缺点则是只能成一幅图像。

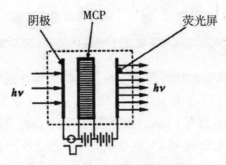

图 3-8　双近贴型阴极选通分幅变像管结构示意图

1979 年，美国洛斯阿拉莫斯国家实验室(Los Alamos National Laboratory，LANL)将 MCP 片堆积起来并加载斜坡脉冲电压，可以使阴极产生的光电子在斜坡电场作用下进入不同的 MCP 层，在光电子加速轰击到荧光屏上时，形成分幅，实际也是一种通过扫描方式实现图像分幅的相机。由于斜坡电压很高，因此相机的时间分辨可以达到约 50 ps，其样式如图 3-9 所示。

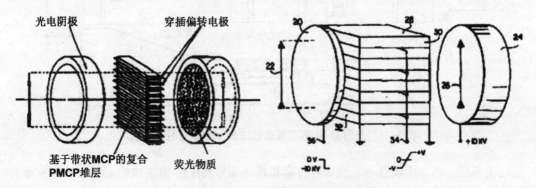

图 3-9　美国 LANL 的扫描变像管 MCP 分幅相机

1983 年，英国布莱克特（Blackett）实验室的研究团队将变像管分幅相机的阴极镀制在铝（Al）衬基底上，形成 50 Ω 微带传输线，该变像管的结构如图 3-10 所示，其工作原理是：在微带线上加载负直流高压和脉冲，将铜网接地，使微带线和铜网之间产生电场，在近贴的 MCP 和荧光屏上加载直流电压。采用 GaAs 光电导开关在阴极微带上产生选通脉冲，实现阴极选通功能，该变像管分幅相机的时间分辨率为 ~50 ps，但其缺点是画幅尺寸较小，且 MCP 对软 X 射线比较敏感，成像噪声较大。

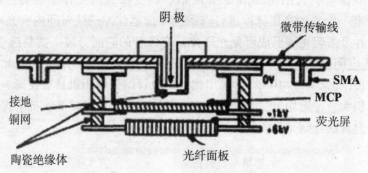

图 3-10　英国 Blackett 实验室研制的阴极选通式变像管分幅相机

1986 年，美国 LLNL 研究团队研制了一款新型的阴极选通 X 射线 MCP 分幅变像管，如图 3-11 所示。变像管在厚度为 50 μm 的铍窗上制作宽度为 25 mm 的 CsI 微带阴极，MCP 和荧光屏之间的近贴距离为 1 mm，MCP 孔径为 12 μm，长径比为 20，斜切角为 4°。MCP 上不加载电压，阴极上加载-5 kV 的直流高压，选通脉冲宽度为 50 ns。光电阴极发射的光电子被磁场偏转，通过 MCP 后被 CCD 探测，该相机的空间分辨率和时间分辨率分别为 ~18 1p/mm 和 ~50 ps。

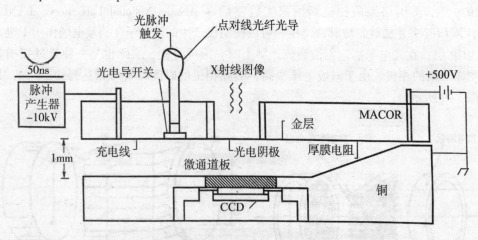

图 3-11　美国 LLNL 的阴极选通式 MCP 变像管分幅相机

综上所述，近贴阴极选通式变像管分幅相机是为等离子体和惯性约束聚变的研究而发展起来的，具有体积小、结构简单、灵敏度高、时间分辨率高、动态范围大、抗干扰能力强等优点，但由于采用光电导开关技术产生皮秒高压选通脉冲，因此难以实用化，而且相机只能成单幅像。

3.4　行波选通式 MCP 变像管分幅相机

20 世纪 80 年代中期，随着皮秒高压脉冲技术的飞速发展，行波选通式 MCP 变像管分幅相机凭借其时间分辨率快、无图像畸变、多画幅数和抗干扰强等优点，逐渐广泛应用于各国的激光惯性约束聚变诊断实验。行波选通式 MCP 变像管分幅相机主要由针孔阵列、MCP 变像管、选通脉冲发生器和图像记录装置(CCD 或胶卷)组成，其中 MCP 变像管是相机的核心部件，由 MCP 和制作在光纤面板上的荧光屏组成。相机的工作原理是：将被拍摄等离子体的 X 射线像经针孔阵列(即 X 射线光学成像系统)成像在 MCP 输入面对应的微带光阴极阵列上，若选通脉冲未加载至微带光阴极上，该光阴极上的 X 射线图像将被 MCP 吸收，在荧光屏上没有图像输出；而当选通脉冲加载至某一微带光阴极上时，该微带光阴极上的 X 射线像产生的光电子像将被 MCP 倍增，轰击荧光屏，形成可见光图像。选通脉冲以行波方式依次通过对应光阴极，于是在荧光屏上的对应位置将得到对应的可见光图像。选通脉冲以行波方式通过相邻光阴极间微带线所用的时间，为分幅相机的画幅间隔时间，输出的可见光图像用 CCD 进行记录处理。

行波选通分幅相机的发展从微带传输线结构的提出开始，在较短的时间内实现了相机的研制和优化，并在惯性约束聚变诊断和 Z-Pinch 实验的研究中取得了重要实验成果，相机时间分辨率、空间分辨率和分幅图像数目逐渐得到提升。在国际上，美国和英国的行波选通分幅相机研制技术较为成熟；而中国科学院西安光学精密机械研究所和深圳大学光电子研究所则是国内长期从事该方面研究的单位。国内外行波选通 MCP 分幅相机的发展历程如下：

1. 国外行波选通式 MCP 变像管分幅相机发展

1986 年，研究者提出了微带传输线结构，M. J. Eckart 研究团队把微带线直接镀制在 MCP 输入面上，并在 MCP 的输出面镀上电极，同时在微带线表面镀上金，使微带也具有了光电阴极的功能。在微带传输线结构的基础上，美国 LLNL 于 1988 年，研制了四分幅微带选通型 X 射线分幅相机，其时间分辨率为 ~150 ps，并成功应用于 NOVA 激光器上的惯性约束聚变诊断实验研究。1989 年，P. M. Bell 研究团队设计出单条弯曲型微带线，采用 MCP 选通技术，获得了十四幅激光打靶内爆聚变图像，每幅图像的时间分辨率为 ~100 ps。同年英国 St Andrews 大学的研究团队也研制出时间分辨率为 ~100 ps，空间分辨率为 8 lp/mm 的四分幅相机。

1990 年，为提高分幅相机的时间分辨率，美国 LLNL 的 P. M. Bell 研究团队将变像管分幅相机的 MCP 厚度由 0.5 mm 减小到 0.2 mm，采用半高全宽(Full Width Half Maximum, FWHM)为 65 ps 的 MCP 选通脉冲测得相机的时间分辨率为 ~35 ps，其结构如图 3-12 所示。这是至今为止，行波选通式分幅相机获得的最快时间分辨率。但由于薄 MCP 的性噪比相对较差和制作工艺要求非常高，因此，采用薄 MCP 的分幅相机未得到进一步的发展和实验应用。

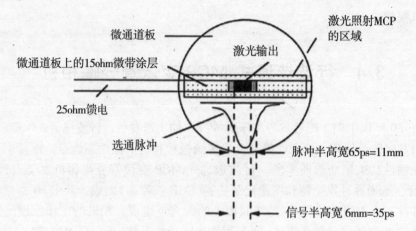

图 3-12　MCP 厚度为 0.2 mm 的行波选通式变像管分幅相机

20 世纪 90 年代初，美国研究者采用多种方法，分别研制出带反射镜滤片组的十二分幅相机、大成像面积短脉冲的十六分幅相机和双 MCP 分幅相机。F. Ze 研究团队研制的带反射镜滤片组的十二分幅相机，其时间和空间分辨率分别可以优于 100 ps 和 ~10 μm，可获取 2.5 keV、1.0 keV 和 0.5 keV 能谱的 X 射线图像，相机系统的结构如图 3-13 所示；J. D. Bell 研究团队研制的大成像面积短脉冲十六分幅相机，其选通时间小于 40 ps。双 MCP 分幅相机是为了实现更高的信号增益而设计，B. H. Failor 研究团队采用双 MCP 结构设计了 BrightCam™ Ⅳ 探测器，其结构如图 3-14 所示，该相机共有四条微带，每条微带成一幅图像，当选通脉冲幅值为 0.965 kV 和半高宽为 270 ps 时，相机的时间分辨率可优于 100 ps。此外，1996 年，LLNL 的 K. S. Budil 研究团队为探测速度变化大于 10^7 cm/s 和能量变化范围为 100 eV ~ 10 keV 的等离子体，研制了柔性 X 射线成像器（Flexible X-Ray Imager，FXI），在测试中，该成像器可根据采集图像的时间分辨率需求，通过调整延时系统和脉冲形成设备，在加载不同脉宽和幅值的选通脉冲的情况下，获取不一样的时间分辨率，这是可产生多时间分辨率图像的分幅相机系统第一次提出，相机结构和电控系统如图 3-15 和图 3-16 所示。

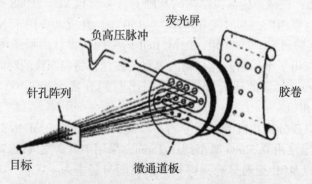

图 3-13　带反射滤片组的十二分幅 X 射线分幅相机

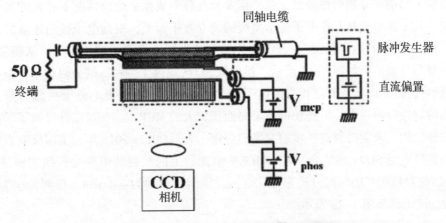

图 3-14 双 MCP 结构的 BrightCam™ IV 探测器

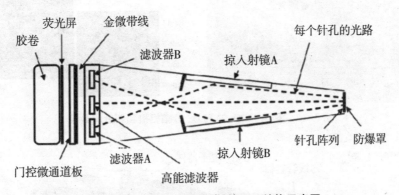

图 3-15 1996 年 LLNL 研制的 FXI 结构示意图

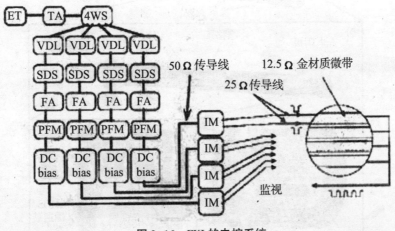

图 3-16 FXI 的电控系统

2001 年，美国 LLNL 的 D. K. Bradley 研究团队为弥补针孔分幅图像空间分辨率较低和图像输出视场较小的不足，提出了单视线(Single-Line-of-Sight，SLOS)分幅成像技术，该技术结合了扫描和分幅两种特点，在不需要针孔阵列成像系统的情况下，就能实现图像分幅功能，其工作原理是：在电子光学系统的傅立叶平面上，根据电子径向速度的不同，采用两个相互正交的"电子棱镜"，将图像分解到荧光屏 4 个不同的位置上，从而实现分幅，相机原型和分幅效果如图 3-17 所示。虽然该 SLOS 提供了一种新的分幅技术，但报道的时间分辨率仅为 ~100 ps，而且相机的电子光学系统复杂，抗外界电磁干扰能力差，对图像分幅的均匀性影响很大，另外相机还需要面积较大的 MCP。这些局限性导致了采用单视线技术的分幅相机未能得到进一步的发展和应用。直至 2017~2018 年，美国研究者将电子束时间展宽技术与 SLOS 相结合，在 OMEGA 激光器上的惯性约束聚变诊断实验进行测试，获得 SLOS 分幅相机的时间分辨率为 ~30 ps，空间分辨率为 ~40 μm，探测面积为 12 mm×25 mm。该相机如图 3-18 所示。

图 3-17 美国 LLNL 的 SLOS 分幅相机和四分幅效果

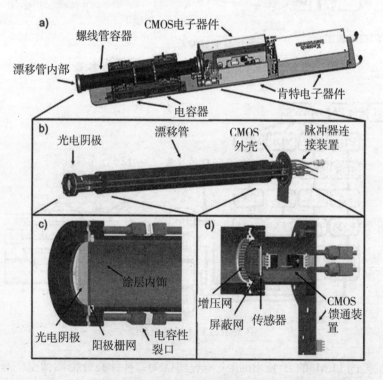

图 3-18 电子束时间展宽与 SLOS 技术相结合的分幅相机结构

2004 年，为增大分幅相机的画幅尺寸和增加记录时间长度，美国洛斯阿拉莫斯国家实验室（LANL）的 J. A. Oertel 研究团队研制出大探测面的行波选通 X 射线分幅相机。该相机的 MCP 由三块 35 mm×105 mm 的小 MCP 组成，探测面积可达到 105 mm×105 mm，有六条 13 mm 宽的微带线，探测时间长度为~4.2 ns，可实现六通道 30 分幅的功能，相机原型和技术参数分别如图 3-19 和图 3-20 所示。相机电控系统的选通脉冲宽度为 200~1300 ps 连续可调，快门时间 80~1000 ps。

图 3-19　大探测面 MCP 分幅相机实物图

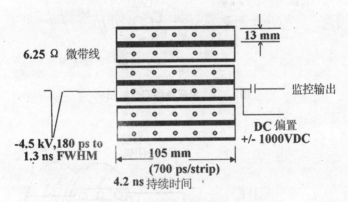

图 3-20　大探测面分幅相机技术参数示意图

目前，国际上实用化的 MCP 行波选通分幅相机由英国 Kentech Instruments Ltd 研制并出售，该相机简称 SLIX，如图 3-21 所示。在选通脉冲的半高宽为 100 ps 时，相机的时间分辨率为~40 ps。此外，在 21 世纪初，该公司采用 0.5 mm 厚的 MCP 和 12.5 Ω 的微带阻抗，研制四微带 X 射线分幅相机，并将分幅相机和电控系统装配在真空腔内，通过计算机实现了脉冲长度的调节，该相机的最优时间分辨率为~100 ps。

图 3-21　英国的 SLIX 分幅相机

2. 国内 MCP 行波选通分幅相机发展

1994 年，中国科学院西安光学精密机械研究所研制出单弯曲型微带 X 射线皮秒分幅相机，其结构如图 3-22 所示，在此基础上，研制的四通道 X 射线分幅相机如图 3-23 所示，四通道分幅相机的时间分辨为 ~60 ps，空间分辨率为 20 ~ 25 lp/mm，动态范围为 500 ~ 1000，可进行时、空、能三维分辨联合测量。与单弯曲型微带相机相比，采用四条微带的分幅相机测量时间范围更大，不仅可调节画幅间的时间间隔，而且相机的增益更加均匀。该相机已经成功应用于我国的 ICF 研究和 Z 箍缩等离子体研究，并且获得了大量有意义的实验结果。

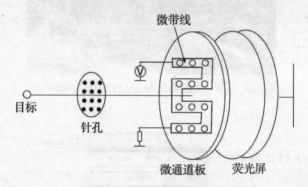

图 3-22　单弯曲微带分幅相机

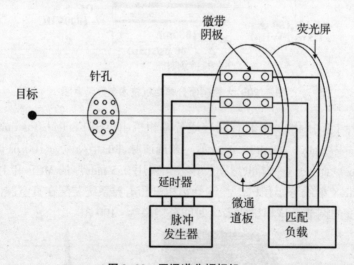

图 3-23　四通道分幅相机

1995 年，中国科学院西安光学精密机械研究所提出了双门控 MCP 分幅相机，其结构如图 3-24 所示，相机在工作时，两片 MCP 均加选通脉冲。当 MCP 加载幅值为 -2.8 kV 和半高宽为 210 ps 的选通脉冲，以及 -150 V 的直流偏置时，相机的曝光时间为 ~60 ps，空间分辨率为 ~25 lp/mm。

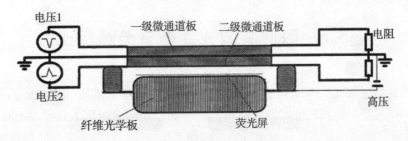

图 3-24 双门控 MCP 分幅相机

2011 年, 深圳大学的超快诊断研究团队研制了宽微带 MCP 行波选通分幅相机, 该相机在 MCP 输入面蒸镀宽度为 20 mm 微带金阴极。当 MCP 加载选通脉冲的幅度为 -1.57 kV、半高宽度为 220 ps 时, 相机时间分辨率为~ 71 ps, 空间分辨率为~20 lp/mm。2012 年, 深圳大学研究团队研制了大面积 MCP 行波选通分幅相机, 其实物如图 3-25 所示。该相机在外径 106 mm 的 MCP 输入面蒸镀 6 条微带金阴极, 每条微带阴极宽为 12 mm, 微带间距为 3 mm, 总时间记录长度为~3 ns。当 MCP 加载的选通脉冲幅度为 -1.6 k V、半高宽度为 165 ps 时, 相机时间分辨率为~ 62 ps, 空间分辨率为~18.9 lp/mm。

图 3-25 国内大面积分幅像管

行波选通式 MCP 变像管分幅相机经过 30 多年的发展, 在时空分辨性能、相机分幅数和探测面积等方面都获得了较大程度的提升, 并成功应用于惯性约束聚变诊断实验, 获得了非常重要的结果, 但由于受到物理参数(例如电子在 MCP 微通道中的渡越时间弥散、MCP 自身的厚度、MCP 与荧光屏的近贴距离等)和技术原因(MCP 选通脉冲的幅值和半高宽度等)等因素的影响和制约, MCP 分幅相机的时间分辨率一直局限在 60~100 ps 范围内, 未能进一步提升。

3.5　时间展宽式变像管分幅相机

随着惯性约束聚变实验研究的深入，对变像管分幅相机时间分辨性能的要求不断提高，为进一步提升分幅相机的时间分辨率，2010 年，美国通用原子（General Atomics）公司和 LLNL 的研究团队通过改变分幅相机的结构和工作方式，将电子束时间展宽技术与 MCP 行波选通分幅技术相结合，研制成功世界上首台时间展宽式分幅相机。该相机原型和工作原理分别如图 3-26 和图 3-27 所示，相机主要由光电阴极、栅网、真空漂移区、成像系统和行波选通 MCP 分幅相机组成。相机工作过程中，在其光电阴极和栅网间加载随时间变化的电场，使光电阴极先产生的光电子较后面的光电子获得更大的漂移能量和更快的漂移速度，当光电子束通过漂移区的传输后，其时间宽度被展宽。由于在漂移区末端 MCP 选通分幅相机是对展宽后的电子束进行测量，所以系统的时间分辨率获得成倍提升。T. J. Hilsabeck 研究团队采用马赫-曾德尔（Mach-Zehnder）干涉仪，通过六幅动态图像对相机的时间分辨率进行了测试，测试过程如图 3-28 所示，相机时间分辨率可达到 ~5 ps。

图 3-26　美国研制的首台时间展宽式分幅相机（前视图）

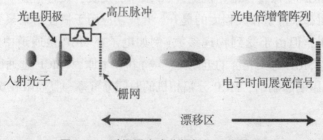

图 3-27　时间展宽式分幅相机工作原理

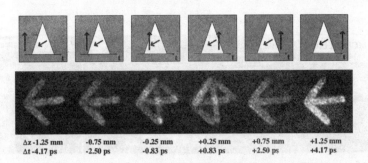

| Δz -1.25 mm | -0.75 mm | -0.25 mm | +0.25 mm | +0.75 mm | +1.25 mm |
| Δt -4.17 ps | -2.50 ps | -0.83 ps | +0.83 ps | +2.50 ps | +4.17 ps |

图 3-28　采用 Mach-Zehnder 干涉仪通过六幅动态图像测试相机时间分辨率

在图 3-26 的相机基础上，美国 General Atomics 公司和 LLNL 的研究团队，通过优化研制出可在 COMET 和 NIF 等大型高功率激光器上应用于惯性约束聚变诊断实验的时间展宽式分幅相机，并命名为 DIXI（DIlation X-ray Imager），相机系统如图 3-29 所示，其中光电阴极采用微带结构，共 4 条，每条长 12 cm（active area），宽 15.5 mm，成像系统是由 4 个直径 400 mm 的大口径螺线管透镜组成的近似均匀磁场，成像比例为 3∶1（缩小成像），漂移距离为 50 cm。测试获得的相机的时间分辨率可优于 10 ps，在强度为 370 Gauss 时，采用金（Au）和碘化铯（CsI）阴极材质的相机空间分辨率分别为 ~510 μm 和 ~360 μm，而当阴极处磁场强度增大到 500 Gauss 时，采用 CsI 阴极材质的相机空间分辨率可提升到 ~280 μm。

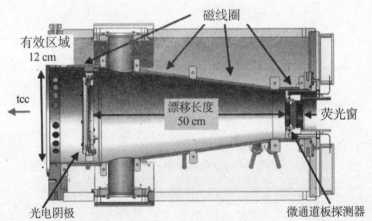

图 3-29　美国用于惯性约束聚变实验的时间展宽分幅相机（DIXI）

2015 年，我国深圳大学研究团队采用电子束时间展宽、短磁聚焦和 MCP 选通技术研制出短磁聚焦型时间展宽分幅相机，其组成如图 3-30 所示。相机的成像系统由短磁透镜构成，透镜的孔径为直径 160 mm，轴向宽度为 100 mm，缝隙为 4 mm。相机漂移区为 500 mm，MCP 分幅相机的空间分辨率为 ~53 μm。当阴极加载 -3 kV 时，采用不同斜率的展宽脉冲和 MCP 选通脉冲获得 4~11 ps 的时间分辨率，动态空间分辨率为 ~10 lines/mm。采用单/双磁透镜测得相机的静态空间分辨率分别为 ~12.58 lines/mm 和 ~13.4 lines/mm，在成像 2∶1 的情况下，相机阴极探测区域分别为直径 23 mm 和 45 mm，空间分辨率优于 5

lines/mm。

图 3-30 我国研制的短磁聚焦时间展宽分幅相机

从 1957 年至今, 变像管分幅相机经历了栅极快门式、扫描式、近贴式阴极选通、行波选通和时间展宽式 5 个阶段的发展, 相机的时间分辨性能获得了显著提升, 特别是采用电子束时间展宽技术首次将变像管分幅相机的时间分辨率提升至 10 ps 内。目前, MCP 行波选通分幅相机仍然是我国惯性约束聚变实验中的重要诊断工具, 因此为进一步提升我国分幅相机的性能, 满足未来聚变诊断实验的要求, 深入研究和分析 MCP 行波选通分幅相机和时间展宽分幅相机的时空分辨性能具有非常重要的意义, 通过对高时空分辨性能分幅相机的研制可为我国聚变诊断实验研究提供更先进的诊断设备, 使我国的高时空分辨诊断技术达到国际先进水平。

第4章 行波选通变像管分幅
相机关键技术

微通道板(microchannel plate，MCP)分幅变像管是行波选通分幅相机的核心组件，由镀制光电阴极的 MCP 微带线和制作在光纤面板上的荧光屏(phosphor screen，PS)构成。在变像管工作中，紫外光或 X 射线辐射光电阴极(photocathode，PC)，使其激发光电子，并从 PC 的入射面出射，进入到 MCP 的通道内。当通道内加载加速电场时，光电子会在通道内运动并连续轰击通道壁产生二次电子倍增效应。当 MCP 仅加载直流电压时，PC 仅仅起到阴极的作用，即发射光电子，这时的 MCP 分幅变像管是像增强器，可用于光电子图像的转换和输出。如果在 MCP 微带线两端再加载一个高压脉冲，就可以使 PC 具备阴极和微带传输线作用，这时的 MCP 分幅变像管就称为行波选通分幅变像管。在激光打靶和 Z-Pinch 等诊断实验的研究中，MCP 分幅相机的时间和空间分辨能力是最重要的性能指标。相机时空性能与加载在分幅变像管上的选通脉冲(如宽度、幅值和波形等)、MCP 物理参数(如厚度、通道孔径比和开口面积等)、荧光屏电压和近贴聚焦的距离等诸多因素有关。

为探讨影响 MCP 分幅相机时空分辨性能的相关因素，研究者对 MCP 分幅相机进行了大量的理论研究，1979 年，Eberhardt 团队提出了基于"能量正比假设"的 MCP 增益模型，该解析模型的理论分析与实验结果吻合较好。"能量正比假设"是指光电子在 MCP 通道内的倍增过程中，光电子以近似于掠入射的角度与通道壁相碰撞，所产生二次光电子的径向初能量正比于入射光电子碰壁时的能量。根据这一特性，Eberhardt 推导出光电子碰壁次数与 MCP 两端所加载电压无关，且 MCP 增益与所加载电压的关系在双对数坐标下呈直线的结论。1995 年，在 Eberhardt 的结论基础上，国内研究者常增虎理论分析了"能量正比假设"可能仅适用于入射光电子能量较小的情况。他指出由于首次碰撞时，X 射线光子的能量很大，因此该假设不再适用，并推导出"能量正比假设"的修正公式。在首次碰撞与随后碰撞被区分开来后，提出光电子碰壁次数与 MCP 所加载电压有关，且与首次碰撞出光电子的初能量也有直接关系的结论，并数值模拟了在 MCP 两端加载高斯型电压时的 MCP 选通特性。

为讨论 MCP 分幅相机的关键技术，本章首先介绍 MCP 分幅变像管的 MCP 和光电阴极的工作原理；然后介绍根据"能量正比假设"理论和"蒙特卡洛"法的 MCP 分幅变像管模型及其理论结果；最后介绍影响 MCP 分幅变像管时间和空间性能的实验测试结果。

4.1 MCP 简介

4.1.1 MCP 的结构与功能

通道式电子倍增器(Channel Electron Multiplier，CEM)是一种能产生连续电子倍增的器件，其工作原理如图 4-1 所示。在电子倍增器的两端加载电压，使其通道内产生电场，从通道低电压端入射的电子轰击通道内壁产生二次电子，这些二次电子在通道内电场的加速作用下沿着通道向前传输并再次与通道内壁发生碰撞，产生新的二次电子，重复连续产生二次电子的过程直至电子从通道出口端射出，由此产生电子倍增，这种电子倍增功能的实现是基于二次电子发射效应理论。

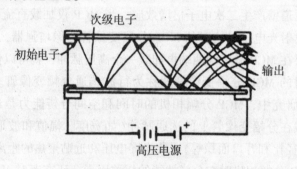

图 4-1　CEM 的工作原理示意图

1902 年，Austin 和 Starke 的研究团队在研究阴极射线从金属表面反射时，通过反射光电子数比入射光电子数要多的实验测试首次提出了"二次电子发射效应"。在理论上，"二次电子发射效应"是指具有适当能量的电子(或离子)轰击目标表面时，存在电子(或离子)从目标表面发射出去的现象，轰击目标的电子被称为"一次电子"，从目标表面发射出来的电子被称为"二次电子"。通常"一次电子"在行程后期都会产生较多的"次级电子"，这些次级电子大部分向表面运动，最后克服表面势垒发射出来形成"二次电子"，极小部分"次级电子"与固体发生碰撞后反射回去。

二次电子的个数与入射一次电子的个数之比称为二次电子发射系数，采用 δ 表示。δ 与入射电子的能量 E_p 和电子入射角度 θ 有关。当入射角 θ 一定时，随着入射电子能量 E_p 的增加，它在体内的穿透深度将增大，激发更多的体内电子到高能态，E_p 增加初期 δ 不断提高；但随着穿透深度的增加，产生的次级电子大部分在固体较深处，虽然激发出的次级电子数较多，但逸出行程增大，能逸出表面的电子却在不断减少。因而存在一个入射电子能量 E_{Pm}，使 δ 达到最大值，该过程如图 4-2 所示，其中 E_{P1} 和 E_{P2} 是二次电子系数为 1 时的一次电子电子能量。当一次电子入射能量一定时，入射角越大，电子的路径离固体表面越近，次级电子更容易逸出表面，因而 δ 随着入射角的增加而增大。MCP 中的每个微通道空心管采用含铅玻璃制作，不同玻璃的二次电子发射系数与入射能量的关系曲线如图 4-3 所示。

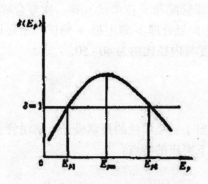

图 4-2　二次电子发射系数变化过程

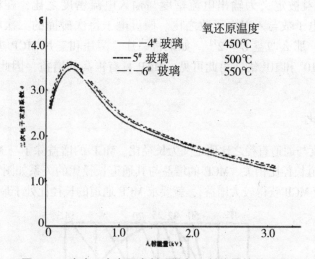

图 4-3　玻璃二次电子发射系数与入射能量的关系曲线

　　MCP 是基于 CEM 逐渐发展起来的，MCP 将大量的 CEM 采用并联的方式形成一个蜂窝状阵列结构，其样式如图 4-4 所示。MCP 内的每个通道都是一个 CEM，通道直径为约几微米到几十微米，通常 1 cm² 面积的 MCP 上含有约 10^6 个微通道。此外，由于通道之间的间距略大于其直径，因此 MCP 具有增益大和高性能空间分辨的优点。

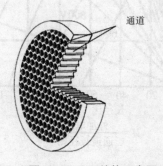

图 4-4　MCP 结构示意图

制作 MCP 的方法主要有 2 种：空芯法和实芯法。空芯法的难度较大，一般采用实芯法制作，并采用高阻的空心玻璃管（$10^9 \sim 10^{11}\ \Omega \cdot cm$）作为皮料。实芯法的制作工艺流程可简化为：化料 > 制棒管 > 棒管配套 > 拉单丝 > 排一次复合棒 > 拉一次复丝 > 排板 > 热压 > 切割加工 > 腐蚀和清洗 > 氢处理 > 蒸电极 > 测试。最终形成产品的 MC 的厚度通常为 $0.5 \sim 2\ mm$，微通道的长度与内径比约为 40~50。

4.1.2 MCP 的特点

MCP 的每一个微通道相当于一个单独的打拿极光电倍增管，与单个分离式的打拿极光电倍增管相比，MCP 具有以下突出的特点：

1. 增益高

通常 MCP 的增益被定义为输出电流密度与输入电流密度之比，在稳定工作状态时，也可以认为是出射电子数与入射电子数之比。假设电子每次碰撞的二次电子发射系数 $\delta = 2$，碰撞次数为 13，那么增益 $G = 2^{13}$。如果将一片、两片和三片 MCP 进行级联，那么其增益分别可达 10^4、10^6 和 10^8 倍，由此可见，MCP 具有极高的增益，因此 MCP 常应用于微弱辐射探测技术。

2. 通道长径比

MCP 的通道长度与通道直径之比值定义为长径比。MCP 的增益除了与 MCP 所加载电压有关外，还与 MCP 通道长径比相关。MCP 的增益与其通道长径比的关系如图 4-5 所示。根据两者的关系，如果要使 MCP 获得较大增益，，就要求 MCP 通道的长径比处于最佳状态。

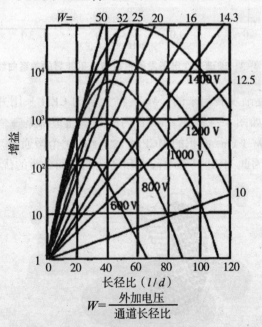

图 4-5　微通道板增益与通道长径比的对应关系

3. 空间分辨性能优越

MCP 的微通道直径是影响其空间分辨性能的重要因素之一，理论上 MCP 的极限空间分辨率是指每毫米区域内通道阵列的阵列数，其描述方法如公式（4-1）所示，其中 R 为 MCP 的极限空间分辨率，单位为每毫米的线对数（lines/mm），d_c 为相邻通道间距（单位为微米，μm）。美国 Burle 公司的 MCP，通道直径可达 2 μm，因而 MCP 具有很高的空间分辨能力，MCP 的这一特性已广泛应用于像增强器和光子计数器中。

$$R = \frac{1000}{\sqrt{3}\, d_c} \tag{4-1}$$

4. 响应波长范围宽

MCP 可以响应电子、离子、紫外线、X 射线、α、β 和 γ 射线等辐射。MCP 对电子、离子、紫外线和 X 射线的探测量子效率如图 4-6 所示，其中探测量子效率定义为二次电子数与入射光子数的比值。

辐射粒子类型	能量或波长	探测效率
电子	$0.2 \sim 2 \text{keV}$	$50\% \sim 35\%$
	$2.0 \sim 50 \text{keV}$	$60\% \sim 40\%$
正离子 H^+、He^+、Ar^+	$0.5 \sim 2 \text{keV}$	$5\% \sim 35\%$
	$2.0 \sim 50 \text{keV}$	$35\% \sim 60\%$
	$50 \sim 200 \text{keV}$	$4\% \sim 60\%$
UV辐射	$300 \sim 1100 \text{ \AA}$	$5\% \sim 15\%$
	$1100 \sim 1500 \text{ \AA}$	$1\% \sim 6\%$
软X射线	$2 \sim 50 \text{ \AA}$	$5\% \sim 15\%$
诊断用X射线	$0.12 \sim 0.2 \text{ \AA}$	$\sim 1\%$

图 4-6　MCP 对电子、离子、紫外线和 X 射线的探测量子效率

5. 寿命长及增益饱和

电子的倍增原理决定了 MCP 具有增益饱和的特性，该特性可抑制因为强光输入而导致的输出图像晕光现象，从而延长 MCP 的使用寿命。

6. 体积小、重量轻和响应快

MCP 在微光夜视技术发展中具有里程碑作用，MCP 小巧轻便，使得微光夜视装备成功实现小巧便捷。目前，北方夜视技术股份有限公司生产的 MCP 主要技术指标如下，而各种规格 MCP 的技术参数如图 4-7 所示。

(1)通道孔径：$5 \sim 50$ μm；

(2)开口比：$\geqslant 60\%$；

(3)电极材料：Ni-Cr；

(4)电极浸没深度：输入端：$\leqslant 0.8d$；输出端：$2\sim 3d$（d 为通道孔径）；

(5)烘烤温度：$\leqslant 400 ℃$；

(6)高输出电流、大动态范围、高增益、低噪声、长寿命。

规 格	有效直径/mm	通道直径/μm	通道间距/μm	体电阻/MΩ	面电阻/Ω	增益800V
M16	Φ12	6	7.5	50~300	≤120	≥7000
M22	Φ16	6	7.5	50~300	≤120	≥1000
M25/6	Φ18.8	6	8	70~250	≤100	≥1500
M25/8	Φ18.8	8	10	70~250	≤100	≥1500
M33/6	Φ26	6	8	50~300	≤100	≥2500
M33/8	Φ26	8	10	50~300	≤100	≥2500
M33/10	Φ26	10	12.5	50~300	≤100	≥2500
M36/12	Φ31	12	14	80~300	≤100	≥3000
M50	Φ45	25	27	50~300	≤300	≥7000*
M56	Φ50	25	27	50~300	≤300	≥7000*
M81	Φ75	27	30	30~200	≤500	≥7000*
M100	Φ95	27	30	30~200	≤500	≥7000*
M106	Φ100	27	30	30~200	≤500	≥7000*

图 4-7　各种规格 MCP 的技术参数

4.2　光电阴极简介

二次光电子发射是 X 射线光电阴极的基本原理，光电阴极受 X 射线辐射后，产生一次光电子，但一次光电子逸出阴极表面的概率很小，大部分与相邻的高能级上的光电子交换能量，产生更多的二次光电子，这些二次光电子又与其他光电子能量交换，不断产生新的二次光电子，有些二次光电子能够克服表面势垒逸出阴极表面，形成阴极电流。

光电阴极广泛应用于物理实验和实用仪器中。X 射线光电阴极可分为透射式和反射式 2 种，其结构如图 4-8 所示。在透射式光电阴极中，X 射线通过窗玻璃后辐射在阴极材料上，二次光电子以"透射"方式从阴极材料后表面逸出，即入射光与二次光电子逸出面不在同一侧；在反射式光电阴极中，X 射线直接辐射在镀制在 MCP 上的阴极材料上，二次光电子从阴极材料入射面逸出，即入射光与二次电子逸出面在同侧。

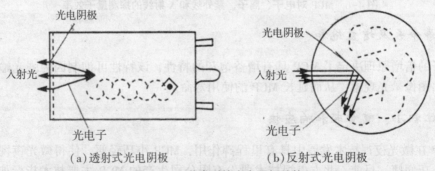

（a）透射式光电阴极　　　　　　　　（b）反射式光电阴极

图 4-8　2 种类型的光电阴极结构

光电阴极要获得较高的量子产额，阴极材料的逸出功和电子亲和势要小。常用的阴极材料有：卤化物阴极，如碘化艳（CsI）、溴化铯（CsBr）等；纯金属阴极，如金（Au）、铜

（Cu）、铝（Al）、钨（W）和钍（Th）等。紫外和软 X 射线能量范围内，量子产额较高的阴极材料有 CsI 和 Au，其量子效率曲线如图 4-9 所示。2 种材质相比，CsI 阴极具有较高的量子产额，但该材质在空气中容易潮解，必须应用于真空环境；而 Au 阴极在空气中具有较好的稳定性，拆卸方便，且研究发现，对于 2~5 keV 的 X 射线，Au 的量子产额比 CsI 高。

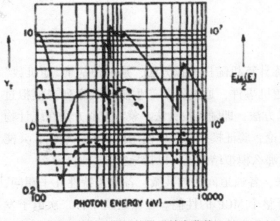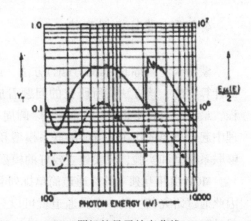

（a）CsI 阴极的量子效率曲线　　　　（b）Au 阴极的量子效率曲线

图 4-9　CsI 和 Au 阴极的量子效率曲线

光电阴极的光谱灵敏度和阴极结构、阴极材料、X 射线能量及 X 射线入射角度等相关。光电阴极的量子效率取决于吸收和逸出概率的相对大小，与 X 射线入射角相关。对于 CsI 层厚 2 μm 的阴极，当入射 X 射线能量为 20 keV 和入射角为 5°时，其量子效率相对较高；而对于 Au 阴极而言，当 Au 膜密度为 0.194 mg/cm²，入射 X 射线能量为 8 keV，入射角为 30°时，量子效率比其他入射角的高。

由于 Au 膜在 MCP 上的附着力较差，容易剥落，因此在制备时，先在 MCP 上蒸镀一层 Ni 膜，然后再蒸镀一层 Cu 膜，最后在 Cu 膜上蒸镀 Au 膜形成 Au/Cu/Ni/MCP 结构。Ni 有良好的粘接性可将金属层与 MCP 的铅玻璃层粘接；Cu 的导电性能好，可以减少皮秒高压脉冲在阴极微带上的损耗；Au 镀在表层则是源于 Au 的量子效率高。图 4-10 为 Au 膜厚约 1000Å，Cu 膜厚约 5000Å 的 MCP 光电阴极及其在紫外光辐射下的静态图像。

图 4-10　MCP 光电阴极及其静态图像

4.3 MCP 分幅变像管理论模型

4.3.1 蒙特卡罗方法

蒙特卡罗(Monte Carlo，MC)方法，或称计算机随机模拟方法，是一种基于"随机数"的计算方法，该方法将所研究的问题看成随机事件，通过不断产生随机数序列来模拟过程，最早出自普丰提出的一种计算"圆周率"方法，即随机投针法。蒙特卡罗方法在统计物理中起着重要的作用，既能够联系模型和理论，验证模拟过程中使用模型的正确性，又能够联系模型和实验，只要建立较好的模型，那么模拟结果就可以指导实验。

MCP 由相互独立的微通道简单排列起来，各通道间影响甚微，各通道特性几乎相同，因此通过研究其中的一个微通道就可以分析整个 MCP 的性能。在微通道中，二次电子发射是随机过程，二次电子的能量、数目及发射角度等均是随机变量，这些随机变量与后一阶段二次电子的发射有关联，且后一阶段二次电子的发射也是随机过程。由于二次电子发射的随机过程将引起电子增益产生非常大的起伏，而计算这种起伏较大的随机过程，蒙特卡罗方法正是最有效的方法之一，利用蒙特卡罗方法可以获取随机过程的统计性和起伏特征等信息。

由于 MCP 微通道中的电子时间倍增特性属于随机过程问题，且无法通过解析法进行求解，因此蒙特卡罗方法也正是分析该随机问题的有效手段。采用蒙特卡罗方法研究 MCP 微通道中电子的时间倍增特性时，只需要对二次电子发射过程进行随机模拟，计算二次电子的运动轨迹，直到二次电子轰击 MCP 通道壁产生新的二次电子或者从 MCP 出射。通过大量的数据统计，能够获得电子出射 MCP 时的时间、空间和荧光屏上电子的位置分布，以此研究 MCP 的特性。

4.3.2 MCP 分幅变像管的 Monte Carlo 模型

MCP 是一种由大量 CEM 采用阵列形式构成的，具备连续二次电子倍增功能的器件。讨论 MCP 微通道中的电子倍增过程，不仅要求建立 MCP 变像管模型，而且还需统计二次电子发射角、能量和产额的分布规律，并形成这些分布规律的随机变量。

MCP 分幅变像管的蒙特卡罗模型如图 4-11 所示，其中 MCP 的长径比为 L/d，斜切角为 θ。MCP 与荧光屏间的近贴距离为 L_1，荧光屏加载电压为 U。MCP 的输入面和输出面均镀有厚度为 $1000\mathring{A}$ 的 Au，其中 MCP 输入面的金(Au)具有光电阴极和微带线传输双重功能。在 MCP 的输出面上，镀制在 MCP 微通道内的 Au 膜会导致该区域通道壁的二次电子发射能力减弱，所以该 Au 膜具有电极和准直出射电子的功能。由于 MCP 斜切角的存在，

MCP 分幅变像管并非轴对称，为便于模型建立，在 MCP 微通道内，以及 MCP 与荧光屏之间分别建立坐标系。在 MCP 微通道内，取轴线方向为 z' 轴，与 MCP 所在平面垂直的方向为 y' 轴，则 x' 垂直于斜切角方向。在 MCP 与荧光屏间，垂直于荧光屏平面的方向为 z 轴，垂直于 MCP 所在平面的方向为 y 轴，则 x 轴垂直于水平方向。

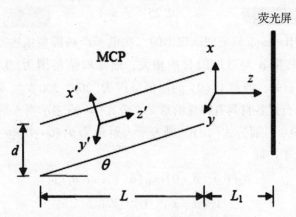

图 4-11　MCP 分幅变像管结构模型

MCP 加载的选通脉冲满足公式（4-2）所示的高斯脉冲 $V(t)$，其中脉冲峰值为 V_p，脉冲半高宽（Full Width at Half Maximum，FWHM）为 T。

$$V(t) = V_P e^{\left[-4\ln2\left(\frac{t-T}{T}\right)^2\right]} \tag{4-2}$$

1. 二次电子产额模型

二次电子的产额取决于一次电子的入射角 θ_i 和能量 $V(\theta_i)$。θ_i 不变，存在某一电子能量 $V_m(\theta_i)$ 能够产生最大的二次电子产额 $\delta_m(\theta_i)$。参照实验数据，不少研究者提出了关于二次电子产额 δ 与 $V(\theta_i)$ 及 θ_i 的关系的经典模型。

（1）Lye 和 Dekker 研究团队提出的二次电子产额模型描述如公式（4-3）所示，该表达式对低能电子的计算相对准确。

$$\frac{\delta(V_i, \theta)}{\delta_m} = 1.379 \frac{1 - \exp(-(1.844V_i/V_m(\theta))^{1.35})}{(1.844V_i/V_m(\theta))^{0.35}} \tag{4-3}$$

（2）Mohammad 和 Abuelma. atti 研究团队提出了采用 Fourier 级数表示 δ/δ_m 的复杂二次电子产额模型描述方法。

（3）M. Vanghan 研究团队提出的二次电子产额模型表达式如公式（4-4）至公式（4-8）所示，其中 v 为归一化电压，V_0 为 12.5。

$$V_m(\theta) = V_m(0)(1 + K_S\theta^2/\pi) \tag{4-4}$$

$$\delta_m(\theta) = \delta_m(0)(1 + K_S\theta^2/2\pi) \tag{4-5}$$

$$\frac{\delta(V_i, \theta)}{\delta_m(\theta)} = (ve^{1-v})^K \tag{4-6}$$

$$v = \frac{V_i - V_0}{V_m(\theta) - V_0} \qquad (4-7)$$

$$K = \begin{cases} 0.62 & v < 1 \\ 0.25 & v > 1 \end{cases} \qquad (4-8)$$

(4)Yacobson 和 Bacining 研究团队提出的二次电子产额模型描述方法如公式(4-9)和公式(4-10)所示，其中 α 与选取的材质相关，通常取值范围为 $[0.4 \sim 0.6]$；$V_m(0)$ 及 $\delta_m(0)$ 同材料和工艺有关，通常 $V_m(0)$ 的取值范围为 $[200 \sim 300 \text{ V}]$，$\delta_m(0)$ 的取值范围为 $[2 \sim 4]$。此外，两个公式各自具有特殊的意义，公式(4-9)表示当入射角为 θ_i 时，最大的二次电子产额为 $\delta_m(\theta_i)$；而公式(4-10)则表示入射角为 θ_i 和一次电子能量为 $V_m(\theta_i)$ 时，将产生最大的二次电子产额。

$$\delta_m(\theta_i) = \delta_m(0)\exp(\alpha(1 - \cos\theta_i)) \qquad (4-9)$$

$$V_m(\theta_i) = V_m(0)/\sqrt{\cos\theta_i} \qquad (4-10)$$

(5)M. A. Furman 和 M. Ito 研究团队描述的二次电子产额模型如公式(4-11)所示为：

$$\delta(V_i,\ \theta_i) = \delta_m(\theta_i)\frac{4\dfrac{V_i}{V_m(\theta_i)}}{\left[1 + \dfrac{V_i}{V_m(\theta_i)}\right]^2} \qquad (4-11)$$

根据以上 5 种二次电子产额模型的特点，通常在理论研究时采用公式(4-9)至公式(4-11)描述二次电子产额，因为通过 3 个表达式可以较为准确地计算出，当入射能量为 V_i 时，入射角为 θ_i 的一次电子激发出二次电子的数目。对于 MCP 微通道中二次电子的发射过程，产生的二次电子数目是随机的，一般情况下认为二次电子数目服从以公式(4-11)计算结果为平均值的泊松分布。

2. 二次电子的能量模型

二次电子的能量均值对公式(4-11)模型的静态增益影响较小，因此在该模型中，二次电子的能量均值为 8 eV；G. H. Hill 研究团队采用四栅极延迟场能量分析器计算出，当一次电子能量为 300 eV 时，二次电子的最可几能量为 3.0 eV；T. E. Allen、R. R. Kunz 和 T. M. Mayen 研究团队采用蒙特卡洛方法分析指出，当一次电子的能量为 200 eV 时，二次电子的最可几能量和半高宽分别为 2.2 eV 和 1.6 eV；A. Authinarayanan 团队通过实验测试，获得二次电子的最可几能量在[2.0-3.0 eV] 范围内。侯继东团队采用蒙特卡罗方法对 MCP 分析后指出，在二次电子的最可几能量为 1.4 eV 时，MCP 静态增益曲线走势与测试结果相吻合。此外，Rayleigh 分布和 Maxwell 分布也是在模型分析中常用的二次电子能量分布，其中采用 Rayleigh 分布的二次电子能量分布应用比较普遍，其描述方法如公式(4-12)所示，其中 σ 为二次电子的最可几能量(经验值为1.4 eV)。另外，在对二次电子能量分布模型进行讨论时，需要考虑到能量守恒定律，因此分析过程中的二次电子个数和能量应满足"一次电子激发出的所有二次电子的总能量小于一次电子的能量"的基本条件。若不满足该条件，则重新抽取电子个数和二次电子能量，直到满足上述条件为止。

$$P(E) = \frac{E}{\sigma^2}\exp\left(-\frac{E^2}{2\sigma^2}\right) \tag{4-12}$$

3. 二次电子发射角度模型

通常二次电子发射角度服从余弦分布（Lambert 分布），其模型如图 4-12 所示，如果假设发射面法线方向的单位立体角中发射的电子数目为 A，那么在与发射面法线夹角为 α 的方向上，单位立体角中发射的电子数目则可以认为是 $A\cos\alpha$。在该模型中，O 点为二次电子的出射位置，OZ 为发射面法线方向。在半径为 R 的球面上，位于出射角区域 [$\alpha \sim \alpha + d\alpha$] 和出射方位角区域 [$\beta \sim \beta + d\beta$] 之间的面元面积、立体角和发射电子数目分别如公式 (4-13) 至公式 (4-15) 所示。

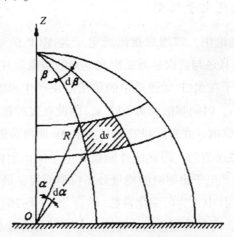

图 4-12　二次电子发射角度示意图

$$ds = R^2\sin\alpha d\alpha d\beta \tag{4-13}$$

$$d\Omega = ds/R^2 = \sin\alpha d\alpha d\beta \tag{4-14}$$

$$dN = A\cos\alpha d\Omega = A\sin\alpha\cos\alpha d\alpha d\beta \tag{4-15}$$

根据上述描述，二次电子发射角在 α、$\alpha + d\alpha$ 两锥体之间的概率如公式 (4-16) 至公式 (4-18) 所示，其中 N 为发射的总电子数。

$$dN(\alpha) = \frac{1}{N}\int_0^{2\pi}A\sin\alpha\cos\alpha d\alpha d\beta = \frac{2\pi}{N}A\sin\alpha\cos\alpha d\alpha \tag{4-16}$$

$$N = \int_0^{\pi/2}\int_0^{2\pi}A\sin\alpha\cos\alpha d\alpha d\beta = \pi A \tag{4-17}$$

$$dN(\alpha) = \sin2\alpha d\alpha \tag{4-18}$$

发射角余弦分布如公式(4-19)至公式(4-24)所示，其中公式(4-19)为采用直接抽样法对公式(4-18)处理后的结果；r 是[0，1]上服从均匀分布的随机数；$\cos\alpha$ 为发射角满足的余弦分布。

$$\int_0^\alpha \sin2\alpha \, d\alpha = r \tag{4-19}$$

$$-\frac{1}{2}\cos2\alpha \Big|_0^\alpha = r \tag{4-20}$$

$$1 - \cos2\alpha = 2r \tag{4-21}$$

$$\cos2\alpha = 1 - 2r \tag{4-22}$$

$$\cos^2\alpha = \frac{1 + \cos2\alpha}{2} = 1 - r \tag{4-23}$$

$$\cos\alpha = \sqrt{1 - r} \tag{4-24}$$

4. 阴极发射的二次光电子模型

在"能量正比假设"理论中，常增虎指出光电子与 MCP 微通道的碰壁次数，不仅与 MCP 所加载电压有关，而且还与首次碰撞二次光电子的初能量有直接关系，由此可见光电子的初始能量能够对光电子在 MCP 微通道中的倍增效果产生影响。由于 X 射线光电子的产生时间约为 $10^{-14} \sim 10^{-15}$ s，时间弥散约为 10^{-14} s，因此在皮秒超快诊断过程，可以忽略光电子的产生时间及其时间弥散。在实际研究中，由于 Au 阴极蒸镀在 MCP 表面上，且光电子出射后直接进入 MCP 微通道内，因此统计阴极光电子的出射能量是发射模型建立的重要依据。对于 X 射线阴极光电子出射时的能量分布模型而言，最著名的是 Henke 模型，其描述如公式(4-25)所示，其中 A 为归一化常数(结合公式(4-26)可计算出 $A = 250$)。由于 $f(E_X)$ 存在复杂的原函数，通常采用舍选抽样法分析，计算方法如公式(4-27)和公式(4-28)所示。假设随机变量 η 在区间[a，b]上取值，其密度函数 $f(x)$ 在[a，b]上有界，且存在最大值 f_{max}，取随机数 $r_1 > r_2$ (r_1、r_2 服从(0~1)上的均匀分布)，如果取 $E_X \in$ [0，100eV]，采用 Henke 模型分析的 Au 阴极初射光电子的能量分布如图 4-13 所示。

$$f(E_X) = A \frac{E_X}{(E_X + 3.7)^4} \tag{4-25}$$

$$\int_0^\infty f(E_X) \, dx = 1 \tag{4-26}$$

$$f_{max} r_2 < f[(b - a) \cdot r_1 + a] \tag{4-27}$$

$$\eta = (b - a) \cdot r_1 + a \tag{4-28}$$

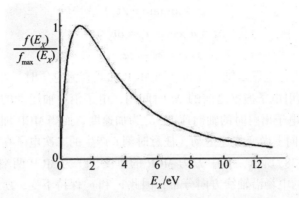

图 4-13 Henke 模型分析 Au 阴极出射光电子的能量分布

5. 电子轨迹模型

在确定二次电子的出射角度和能量后，采用运动学理论建立电子在 MCP 微通道中的运动轨迹模型。MCP 轴线截面上的电子速度如图 4-14 所示，令 MCP 轴线为 z 轴，二次电子发射点与经过该发射点且垂直于轴线的截面圆心的连线为 x 轴。

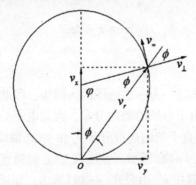

图 4-14 MCP 轴线截面上电子速度示意图

设电子电荷量为 e，电子质量为 m，MCP 孔径为 d_m，二次电子出射能量为 E_K，速度为 v，与 x 轴的夹角为 α，出射方位角为 β，则相关参数如公式（4-29）至公式（4-35）所示，其中 v_r 为出射电子在 z 轴垂直方向上的速度，φ 为 v_r 与 x 轴之间的夹角，Δt 为出射电子撞壁之前在 MCP 微通道中的运动时间。由于 MCP 微通道存在一个斜切角，因此电子碰撞微通道壁时的角度可采用碰撞点相对于 MCP 轴线截面圆心处的角度 φ 表示，如公式（4-36）所示。

$$E_K = 0.5mv^2 \tag{4-29}$$

$$v_x = v\cos\alpha \tag{4-30}$$

$$v_y = v\sin\alpha\sin\beta \tag{4-31}$$

$$v_z = v\sin\alpha\cos\beta \tag{4-32}$$

$$v_r = \left(v_x{}^2 + v_y{}^2\right)^{\frac{1}{2}} \tag{4-33}$$

$$\varphi = \arctan(v_y/v_x) \tag{4-34}$$

$$\Delta t = d_m \cos\varphi/v_r = \mathrm{d}v_x/v_r{}^2 \tag{4-35}$$

$$\varphi = \pi - 2\varphi \tag{4-36}$$

在 MCP 微通道内，电场是轴向分布，当 MCP 加载直流电压时，在沿轴线方向上电子做匀加速运动，在出射电子撞壁之前的 Δt 时间内，电子沿 z 轴运动的距离 $\mathrm{d}z$ 如公式(4-37)所示，其中 v_z 是电子出射时的轴向速度，a_c 为加速度。而当 MCP 加载选通脉冲 $V_{\mathrm{MCP}}(t)$ 时，电子则在 z 轴方向上做变加速运动，任意时刻 t_i 产生的二次电子在 Δt 时间内沿 Z 轴运动的距离如公式(4-38)所示，其中 L 为 MCP 的厚度，V_d 为 MCP 两端所加载直流偏置电压。由于 MCP 内部的电场沿轴线方向分布，因此 v_x 和 v_y 保持不变，所以电子运动 Δt 时间后轴线方向上的速度可由公式(4-39)表示。令电子出射时轴线方向上的坐标为 z，则 Δt 时间后电子再次碰撞 MCP 通道壁时，轴线方向上的坐标如公式(4-40)所示。

$$\mathrm{d}z = v_z \Delta t + 0.5 a_c (\Delta t)^2 \tag{4-37}$$

$$\mathrm{d}z = v_z \Delta t + \frac{e}{mL} \cdot \int_{t_i}^{t_i+\Delta t} \int_{t_i}^{\tau} (V_{MCP}(t) + V_d)\,\mathrm{d}t\mathrm{d}\tau \tag{4-38}$$

$$v'_z = v_z + \frac{e}{mL} \cdot \int_{t_i}^{t_i+\Delta t} (V_{MCP}(t) + V_d)\,\mathrm{d}t \tag{4-39}$$

$$z' = z + \mathrm{d}z \tag{4-40}$$

6. 电子入射角模型

二次电子产额的决定因素之一为一次电子的入射角，因此必须求出电子碰撞微通道壁时的入射角度。如前所述，由于电场沿轴向分布，因此电子的 v_x 和 v_y 不变，v_z 变化，而由图 4-14 可知，电子出射时垂直于壁的速度分量 v_x 和 MCP 轴线截面的切线方向的速度分量 v_y 分别如公式(4-41)和公式(4-42)所示。令碰撞 MCP 通道壁时电子的总速度为 v'，则电子速度如公式(4-43)所示，其中 v'_z 由公式(4-39)给出；如果令入射角为 ψ，其余弦分布如公式(4-44)所示。

$$v_x = v_r \cos\varphi \tag{4-41}$$

$$v_y = v_r \sin\varphi \tag{4-42}$$

$$v'^2 = v_x^2 + v_y^2 + v'^2_z \tag{4-43}$$

$$\cos\psi = v_x/v' \tag{4-44}$$

4.4　MCP 分幅变像管时空性能理论分析

4.4.1　理论分析流程

通过建立二次电子产额、发射角度、发射能量和入射角度，以及电子在 MCP 微通道中运动轨迹等各种随机变量理论模型，采用蒙特卡罗方法分析电子在 MCP 微通道中的倍增过程流程如下：

（1）根据二次电子产额模型，电子碰撞 MCP 微通道壁后，统计该次发射的电子数目，产生的二次电子坐标和时间分布；

（2）根据二次电子能量和发射角度模型，统计二次电子的出射能量和出射角度；

（3）根据电子运动轨迹、二次电子能量和入射角度模型，分析二次电子在 MCP 微通道中的电子运动轨迹，二次电子碰撞通道壁时的能量和角度；再统计出二次电子与通道壁碰撞后产生的新的二次电子数目；如此循环分析统计，直至产生的二次电子数为 0 或最终从 MCP 微通道中射出。

4.4.2　理论分析相关物理量

1. 坐标系

理论分析坐标系如图 4-11 所示，设 x' 和 y' 为电子出射 MCP 时在 $x'-y'-z'$ 坐标系中的坐标值，v_x'，v_y' 和 v_z' 为电子出射 MCP 时在 $x'-y'-z'$ 坐标系中的速度；x 和 y 为电子在 $x-y-z$ 坐标系中的坐标值，v_x，v_y 和 v_z 为电子在 $x-y-z$ 坐标系中的速度。分析过程中 MCP 输出面的坐标变化如公式（4-45）至公式（4-49）所示。

$$x = x'/\cos\theta \tag{4-45}$$

$$y = y' \tag{4-46}$$

$$v_x = v_x'\cos\theta + v_z'\sin\theta \tag{4-47}$$

$$v_y = v_y' \tag{4-48}$$

$$v_z = v_z'\cos\theta - v_x'\sin\theta \tag{4-49}$$

2. 常用物理量

表 4-1　物理量及其符号表示或数值

物理量	符号表示或数值
高斯选通脉冲幅值	V_P
高斯选通脉冲半峰全宽	T
MCP 斜切角	$\theta(6°)$
MCP 通道直径	$d(12\ \mu m)$
MCP 厚度	$L(0.5\ mm)$
MCP 与荧光屏距离	$L_1(0.5\ mm)$
MCP 与荧光屏间电压	U

MCP 与荧光屏间场强	E_{SCR}
$V_m(0)$	260 eV
$\delta_m(0)$	3.0

3. 光电子增益函数

MCP 选通脉冲和光脉冲在分幅变像管时间性能测试中具有极其重要的作用，选通脉冲沿 MCP 微带线进行传输，而光脉冲则辐射 MCP 微带上的光电阴极产生光电子，并在 MCP 微通道中产生电子倍增现象。在空域上，光脉冲可覆盖整条微带光电阴极，但在时域上，相对于选通脉冲而言，光脉冲只能相当于一个 δ 函数作用在选通脉冲的不同时刻点上产生了光电子，并在 MCP 微通道内倍增，获得光电子增益随时间的变化曲线 $G(t)$，也可以认为是微带线上一个单位点上的光电子增益曲线，其半高宽表示 MCP 的时间分辨率。在时域层面，光脉冲和选通脉冲作用效果如图 4-15 所示，图中中心位置为增益曲线 $G(t)$，其他图片描述的是光脉冲在不同时刻作用于选通脉冲产生光电子。

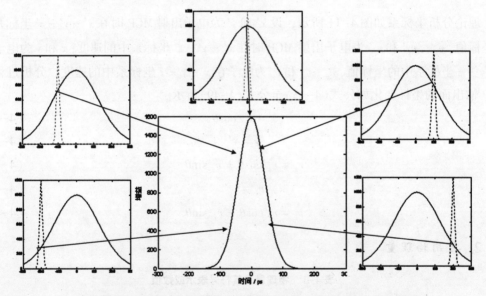

图 4-15　光脉冲和选通脉冲作用的示意图(图中宽度较窄为光脉冲)

假设单个光电子入射时的增益函数为 $G(t)$，为了使理论研究与实验条件相一致，通常把某时刻 T 入射的光电子定义为光电子脉冲，其电子数分布满足高斯分布，计算方法如公式(4-50)所示，其中 Δt 为电子分布的半峰全宽(经验值为 30 ps)，n_p 为最大电子数(经验值为 100000)。T 时刻入射的光电子经 MCP 增益后，出射时的总光电子数的计算方法如公式(4-51)所示。根据入射和经过 MCP 后的光电子数，T 时刻入射的光电子脉冲，其单个光电子的平均增益计算方法如公式(4-52)所示。

$$n(t) = n_p e^{(-4\ln2(\frac{t-T}{\Delta t})^2)} \tag{4-50}$$

$$N(T) = \int_{T-0.5 \times \Delta t}^{T+0.5 \times \Delta t} n(t) \cdot G(t) \, \mathrm{d}t \tag{4-51}$$

$$\overline{G(T)} = \frac{N(T)}{\int_{T-0.5 \times \Delta t}^{T+0.5 \times \Delta t} n(t) \, \mathrm{d}t} \tag{4-52}$$

4.4.3　MCP 分幅变像管时间分辨性能

MCP 分幅变像管工作在选通状态时，不同时刻入射的光子通过 MCP 倍增后获得的增益不同，设增益随时间变化的函数为 $G(t)$，则 $G(t)$ 的半峰全宽(FWHM)定义 MCP 分幅变像管的时间分辨率。设计分幅相机所采用的 MCP 参数确定后，MCP 分幅变像管的时间分辨性能主要由 4 个因素决定：电子在 MCP 中的渡越时间，电子的渡越时间弥散，选通脉冲宽度和选通脉冲幅度，其中电子的渡越时间弥散是 MCP 分幅变像变像管的极限时间分辨率。本节从入射脉冲宽度、选通脉冲宽度、选通脉冲幅值、选通脉冲波形和脉冲峰值增益等几个方面，讨论 MCP 分幅变像管的时间分辨特性。

1. 入射脉冲宽度与时间分辨特性

假设 X 射线作用于光电阴极后产生的光电子满足高斯分布。入射脉冲宽度对 MCP 分幅变像管时间分辨率的影响如图 4-16 和图 4-17 所示，随着入射电子脉冲宽度增大，MCP 增益曲线的半高宽增大，即时间分辨率变差，且增益峰值降低。当在 MCP 上加载幅值为 1 kV 和半高宽为 300 ps 的选通脉冲时，单电子脉冲、脉宽 15 ps 电子脉冲和脉宽 30 ps 电子脉冲入射情况下，MCP 的增益时间曲线半高宽依次为 90 ps、92 ps 和 97 ps，增益峰值分别为 4450、4320 和 3960。因此要获取更快的 MCP 分幅变像管时间分辨率，输出光脉冲的激光器脉宽越短越好。

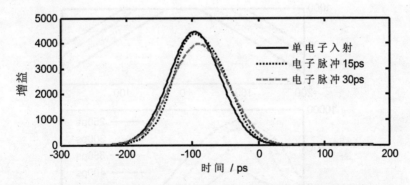

图 4-16　电子脉冲宽度分别为 15 ps、30 ps 及单电子入射的 MCP 增益曲线

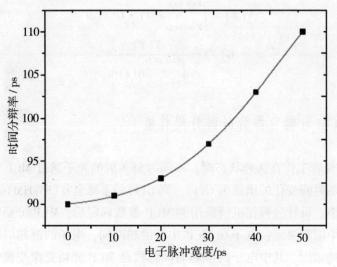

图 4-17　时间分辨率与电子脉冲宽度的关系曲线

2. 选通脉冲宽度与时间分辨特性

在 MCP 上加载的选通脉冲参数为：脉冲波形为梯形，幅值为 1 kV，上升沿和下降沿均为 200 ps，半高宽分别为 250 ps、300 ps、350 ps 和 400 ps。当入射光电子的脉冲宽度为 30 ps（服从高斯分布）时，梯形选通脉冲曲线和 MCP 增益曲线 $G(t)$ 如图 4-18 所示，由图可知：①增益曲线宽度比选通脉冲脉冲窄得多，这是由于 MCP 的增益随电压提高呈非线性增长所致；②增益曲线的峰值所对应的时间超前于电压脉冲峰值的时间，这是由于 MCP 中的电子渡越时间效应引起的。增益曲线的峰值所对应的时刻几乎一样，这是由于选通脉冲宽度的改变对电子的渡越时间影响较小；③选通脉冲的宽度减小，时间分辨性能变差，MCP 的增益峰值降低。

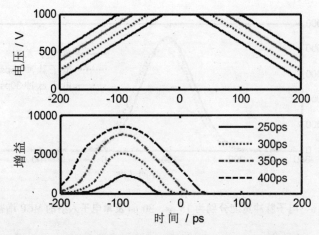

图 4-18　梯形选通脉冲宽度变化时的电压和 MCP 增益曲线

当 MCP 分别加载高斯型、三角形和梯形的选通脉冲时，时间分辨率与选通脉冲宽度的关系如图 4-19 所示，其中选通脉冲的幅值均为 1 kV。理论分析显示：①随着选通脉冲宽度的减小，时间分辨率并不随之线性提升；②选通脉冲宽度较小时（小于 350 ps），加载梯形选通脉冲的 MCP 时间分辨率优于高斯型和三角形选通脉冲；③加载脉冲宽度相同的高斯型和三角形选通脉冲，MCP 的时间分辨率非常接近，在数值上近似为选通脉冲宽度的 1/3 左右；④对于梯形选通脉冲，当脉冲宽度较大时（大于 600 ps），其脉冲宽度与脉冲上升时间之差近似于 MCP 的时间分辨率，即选通脉冲宽度很大时，时间分辨率近似与脉冲宽度相等。

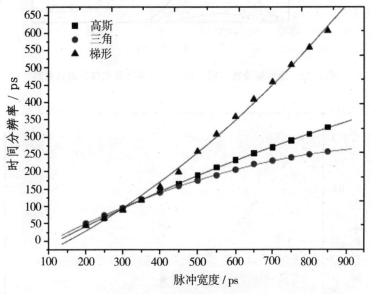

图 4-19　时间分辨率与选通脉冲形状的关系曲线

3. 选通脉冲峰值对与时间分辨特性

当 MCP 上加载高斯型选通脉冲，其半高宽为 300 ps，脉冲峰值分别为 900 V、1 kV、1.1 kV 和 1.2 kV 时，选通脉冲曲线和 MCP 增益曲线 $G(t)$ 如图 4-20 所示，理论分析显示：①选通脉冲幅值对 MCP 增益产生很大的影响，当脉冲幅值为 900 V 时，增益峰值为 1692，而将脉冲幅值提高到 1200 V 时，增益峰值提高到 16180；②选通脉冲幅值增大，MCP 的时间分辨率获得提升；③选通脉冲幅值越大，其增益曲线的峰值越接近选通脉冲曲线的峰值。这是由于选通脉冲幅值的改变对电子渡越时间的影响较大，选通脉冲幅值越大，电子的渡越时间越小。另外，当高斯波形半峰全宽为 300 ps 时，时间分辨率随着选通脉冲峰值的增加而提升，两者关系如图 4-21 所示。

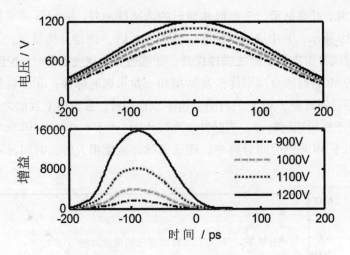

图4-20　脉冲幅值改变时，所加电压曲线及相应的增益曲线

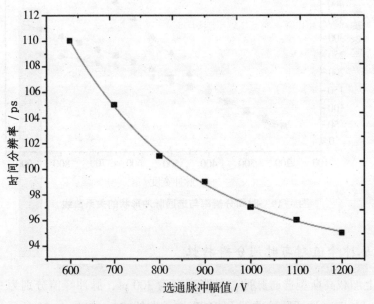

图4-21　曝光时间与选通脉冲峰值的关系曲线

4. 选通脉冲波形与时间分辨特性

MCP 分别加载不同波形的选通脉冲时，各种电压波形与其相应的增益曲线如图4-22 所示，其中高斯型、三角形和梯形选通脉冲的半高宽为 300 ps、幅值均为 1 kV，梯形选通脉冲的上升时间为 200 ps。理论分析显示：①在不同波形的选通脉冲具有相同半高宽和脉冲幅值时，梯形选通脉冲使 MCP 的增益最大和增益曲线半高宽最小。MCP 上加载的梯形、高斯型和三角形选通脉冲对应的 MCP 时间分辨率分别为 95 ps、97 ps 和 100 ps；②3 种波形的增益曲线峰值所对应的时刻几乎相同，这是由于选通脉冲波形的改变对电子渡越时间的影响较小。

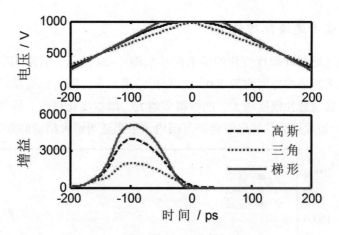

图 4-22 不同选通脉冲波形的增益曲线

5. 增益峰值与选通脉冲宽度

MCP 所加载选通脉冲的宽度变化时,其所对应增益曲线的峰值也随之变化。当选通脉冲幅值为 1 kV 时(梯形选通脉冲的上升时间为 200 ps),增益峰值与选通脉冲宽度的关系如图 4-23 所示,随着选通脉冲宽度的增加,增益由非线性增加变化至趋于饱和,在选通脉冲宽度较小时,增益变化相对比较快。选通脉冲为梯形波时,当脉冲宽度大于 400 ps,其增益峰值将不再变化,这是因为选通脉冲宽度较大时,几乎所有的电子都渡越出通道,即使增加脉宽,其倍增的电子数目也将趋于稳定。虽然在图 4-19 中描述了减小选通脉冲的宽度可以提升时间分辨率,但通过对图 4-23 的分析也得出了选通脉冲宽度减小降低峰值增益的结论,并导致输出信号的强度变弱。因此,采用减小选通脉冲宽度的方法提升时间分辨率将受到输出信号强度的制约。

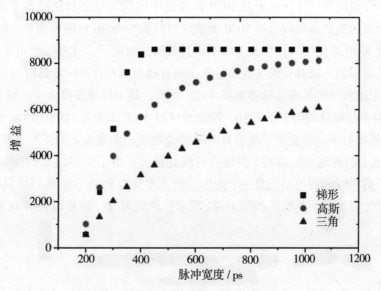

图 4-23 峰值增益与选通脉冲宽度的关系

6. 增益峰值与选通脉冲幅度

增益峰值随选通脉冲幅度变化的关系曲线如图 4-24 所示，其中 MCP 上加载高斯型、三角形和梯形选通脉冲的宽度均为 300 ps。分析结果显示，随着选通脉冲幅度的变化，增益也随之变化，选通脉冲幅度越大，曲线斜率越大，增益变化越快。因此，要获得较大的增益，可在 MCP 加载选通脉冲幅值允许范围内，采用适当增大幅值的方法实现。

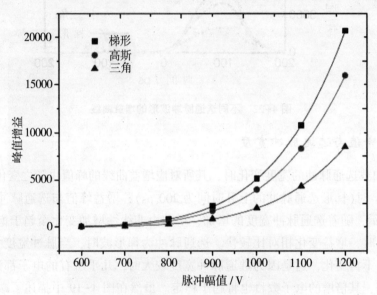

图 4-24　增益峰值与选通脉冲幅度的关系曲线

7. MCP 中电子渡越时间及渡越时间弥散

由于电子参量的随机性，电子在 MCP 微通道中的运动轨迹和路径各不相同，有的电子和通道壁碰撞的次数多导致通过 MCP 通道的时间长。由 MCP 输入面某一时刻入射的一次电子，经过 MCP 微通道后，会激发出不计其数的二次电子，这些二次电子到达 MCP 出口处的时间是不同的，也就是说这些增益电子的渡越时间存在有一定的时间分布。

在 MCP 上加载的矩形选通脉冲如图 4-25 所示，其中脉冲宽度为 τ，幅值为 V。假设 MCP 入口处存在持续的均匀电子入射，若电子穿过 MCP 不需要时间，即电子渡越时间为 0，则在出口处出射来的增益电子数对对时间来说也是一个宽为 τ 的矩形，其形式如图 4-26 所示。若电子的渡越时间为 t_0，但没有时间弥散，即电子全部以 t_0 时间通过 MCP，则此时增益电子数与时间的关系仍是一个矩形，但宽度变为 $\tau - t_0$，在入口处只有 $(0, \tau - t_0)$ 时间内的电子才有增益，其形式如图 4-27 所示。由此可见，渡越时间有利于时间分辨率的提升。

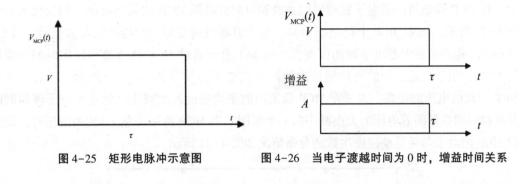

图 4-25　矩形电脉冲示意图　　　　图 4-26　当电子渡越时间为 0 时，增益时间关系

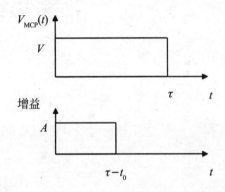

图 4-27　当电子渡越时间为 t_0 时，增益时间关系

　　增益电子的渡越时间存在一定的分布，该分布的半高宽就是电子的渡越时间弥散，渡越时间弥散是变像管的极限时间分辨率。当在 MCP 上加载 1 kV 直流电压时，电子在 MCP 微通道中的渡越时间分布如图 4-28 所示，在该分布中，电子的平均渡越时间约 185 ps，渡越时间弥散约 42 ps。

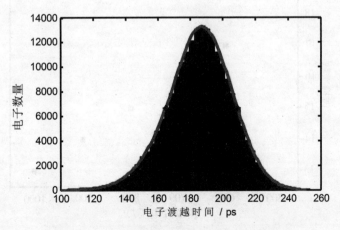

图 4-28　MCP 微通道中的电子渡越时间分布

在 MCP 微通道中的电子渡越时间及渡越时间弥散随 MCP 加载直流电压的变化关系如图 4-29 所示，随着 MCP 上的电压升高，电子渡越时间变短，渡越时间弥散也随之减小。这是源于提高电压引起电子加速度变大，缩短了电子通过 MCP 微通道所需的时间。能出射 MCP 的电子与通道壁的平均碰撞次数同加载电压的关系如图 4-30 所示，随着加载在 MCP 两端的电压的提高，电子在 MCP 通道内的平均碰撞次数减小，这也是电子渡越时间及渡越时间弥散随着电压增大而减小的一个原因。当 MCP 两端加载 1 kV 的电压时，能出射 MCP 的电子与通道壁碰撞次数的分布情况如图 4-31 所示。

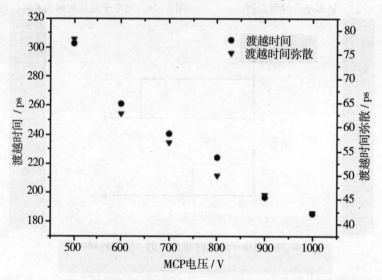

图 4-29　电子渡越时间及渡越时间弥散弥散与 MCP 所加直流电压的关系

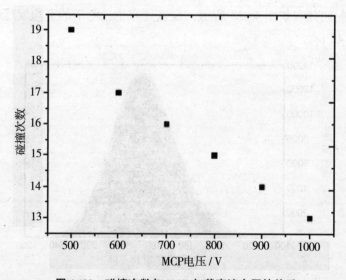

图 4-30　碰撞次数与 MCP 加载直流电压的关系

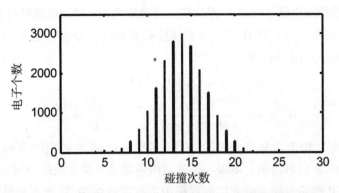

图 4-31　MCP 加载 1 kV 直流电压时的电子与通道壁碰撞次数分布

8. 窄选通脉冲宽度与 MCP 时间分布特性

前文所述，MCP 选通脉冲宽度越小，时间分辨率越快。可是当选通脉冲宽度缩小到很窄的时候，MCP 的时间分辨率会怎样变化呢？图 4-32 所示为当选通脉冲宽度减小到与电子渡越时间相当，甚至更小时的 MCP 的增益曲线，其中虚线为 MCP 两端加载 1 kV 直流电压和 185 ps 的高斯选通脉冲时的增益曲线，增益曲线半高宽约 45 ps，实线为 MCP 两端加载 1 kV 直流电压为 1 kV 和 135 ps 的高斯选通脉冲时的增益曲线，增益曲线半高宽约 40 ps。根据图 4-28 描述的 MCP 电压为 1 kV 的直流电压时，电子的渡越时间约 185 ps、渡越时间弥散约 42 ps 的情况，结合图 4-32 的分析，在选通脉冲宽度减小到与电子的渡越时间相当甚更小时，MCP 分幅变像管的时间分辨率近似等于电子渡越时间弥散，且增益相当小。由此可见 MCP 分幅变像管的时间分辨率受到 MCP 中电子的渡越时间弥散限制，即使高压脉冲宽度能够做到远小于电子渡越时间，也不能够进一步提升分幅变像管的时间分辨率，而且在选通脉冲宽度减小到很小时，MCP 的增益将随着降到很低。

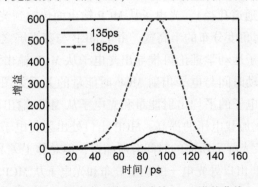

图 4-32　窄半高宽选通脉冲的 MCP 增益曲线

4.4.4　MCP 分幅变像管的空间分辨性能

MCP 分幅变像管的空间分辨率由针孔成像系统和 MCP 的空间分辨率决定。针孔成像系统空间分辨率与其物理条件相关，主要影响因素是几何投影和衍射效应，由针孔直径、

成像光波长 λ、物距 s 和成像倍率 M 等决定。在确定物距 s 时，最佳针孔直径 D_B 的计算方法如公式(4-53)所示，而当针孔直径为最佳针孔直径时，物面上最小可分辨像元的半高宽 D_m 计算方法如公式(4-54)所示。

$$D_B = sqrt[\,1.22sM\lambda / (M+1)^2\,] \tag{4-53}$$

$$D_m = sqrt\left[\frac{1.22s\lambda}{(M-1)\times D_B} + \frac{D_B \times (M+1)}{M}\right] \tag{4-54}$$

在实验过程中，MCP 分幅变像管的空间分辨率是指 MCP 的空间分辨率，主要由 MCP 的微通道直径、MCP 的斜切角、电极在微通道内的深度、荧光屏的空间分辨率、光纤面板的纤维直径、MCP 的输出面与荧光屏的近贴距离、加载在 MCP 和荧光屏之间的电压等决定，其中近贴距离是限制 MCP 分幅变像管空间分辨率进一步提升的主要因素之一。通常将光电子在荧光屏上空间分布的半高宽作为衡量分幅变像管空间分辨率的指标，从 MCP 出射的光电子到达荧光屏上的弥散半径(空间分布半高宽)如公式(4-55)所示，其中 v 是光电子出射 MCP 时的横向初电位，L_1 是 MCP 输出面与荧光屏的近贴距离，U 是 MCP 输出面与荧光屏间的电压。

$$r = 2L_1\sqrt{v/U} \tag{4-55}$$

1. MCP 电压与空间分辨特性

MCP 与荧光屏之间的近贴聚焦距离为 0.5 mm，MCP 与荧光屏间电压为 4 kV 时，空间分辨率随 MCP 加载直流电压的变化关系如图 4-33 所示，随 MCP 加载电压的提高，荧光屏上光电子分布的半高宽也逐渐增大，即空间分辨率变差。当 MCP 的电压为 1 kV 和斜切角为 6°时，光电子在荧光屏 x 和 y 方向上的二维空间分布和三维空间分布分别如图 4-34 和图 4-35 所示。光电子在荧光屏上的空间分布弥散斑半径主要取决于 3 个因素：初始弥散斑尺寸(即 MCP 微通道孔径)，光电子从 MCP 输出面传输到荧光屏所需的时间，以及光电子射出 MCP 时出射角度分布的半高宽。由于 MCP 与荧光屏之间的电场可认为近似匀强电场，因此通过光电子运动学理论可推导出光电子从 MCP 输出面传输到荧光屏所需的时间，光电子的这类运动时间与电子出射 MCP 时能量的关系如图 4-36 所示，MCP 在加载不同电压情况下，光电子的平均出射能量和光电子从 MCP 输出面到荧光屏所需的时间见表 4-2，随着 MCP 上加载电压的提高，MCP 出口处出射光电子的能量增加，虽然出射光电子从 MCP 传输到荧光屏上所需的时间有所缩短，但总体上差异较小。当 MCP 上加载的电压为 1 kV 时，MCP 出口处光电子的能量分布和光电子从 MCP 输出面传输到荧光屏上所需时间的分布分别如图 4-37 和图 4-38 所示。

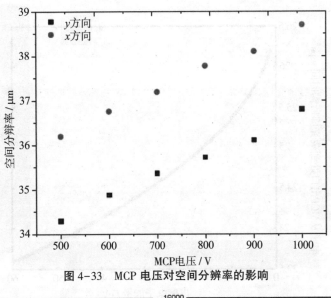

图 4-33 MCP 电压对空间分辨率的影响

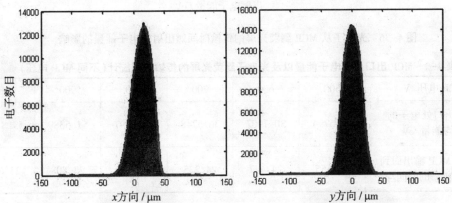

图 4-34 光电子在荧光屏 x 和 y 方向上的二维空间分布(MCP 电压为 1 kV)

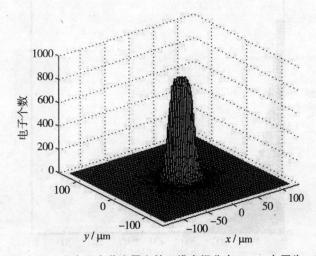

图 4-35 光电子在荧光屏上的三维空间分布(MCP 电压为 1 kV)

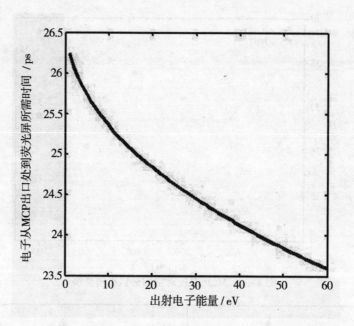

图 4-36　光电子从 MCP 到荧光屏的传输时间对出射光电子能量的影响

表 4-2　MCP 出口处光电子能量以及光电子到荧光屏的传输时间统计(不同 MCP 电压)

MCP 电压/V	500	600	700	800	900	1000
MCP 出口处电子的平均能量/eV	24.5794	30.1907	36.5748	44.0997	51.5389	59.8779
电子从 MCP 输出面到荧光屏所需的时间/ps	24.655	24.447	24.235	24.010	23.808	23.600

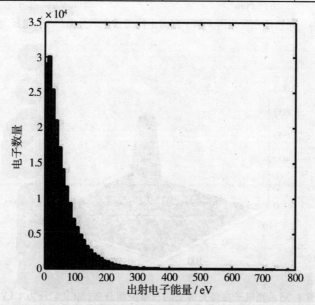

图 4-37　MCP 出射光电子的能量分布(MCP 电压为 1 kV)

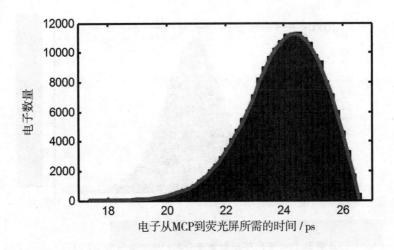

图 4-38　光电子从 MCP 输出面到荧光屏的传输时间分布 (MCP 电压为 1 kV)

　　MCP 出口处光电子的出射角度均值 (即出射方向与 MCP 微通道壁表面法线方向的夹角) 和出射角度分布半高宽与 MCP 电压的关系如图 4-39 所示，随着 MCP 电压的降低，光电子出射角度均值逐渐变大，出射角度分布的半高宽逐渐减小。这是由于在 MCP 输出端，镀进微通道内的金膜导致该区域通道壁的二次电子发射能力大大减弱而造成的，因此通道内的金膜不仅是电极，而且还具有准直出射电子的效应。当 MCP 电压较小时，光电子通过金膜区域所需的时间较长，只有出射角度较大的光电子才能够射出 MCP，角度较小的光电子碰撞在金膜上而被吸收，由此可见金膜的准直效应比较好。此外，在 MCP 电压降低时，光电子出射角度分布的半高宽也逐渐减小，光电子从 MCP 输出面传输到荧光屏所需的时间差异较小，因此空间分辨率获得提升。图 4-40 描述的是 MCP 电压为 1 kV 时，MCP 出口处光电子出射角度的分布。

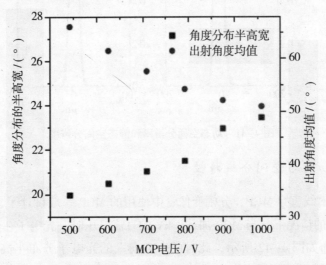

图 4-39　MCP 电压对光电子出射角度和出射角度分布半高宽的影响

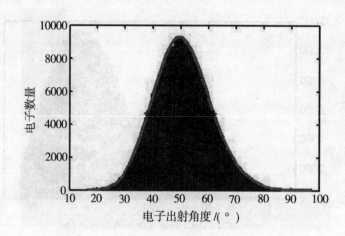

图 4-40   光电子出射角度分布(MCP 电压为 1 kV)

2. 动态和静态空间分辨特性

MCP 电压分别为 1 kV 直流电压，1 kV、250 ps 的选通脉冲和 1 kV、300 ps 的选通脉冲时，其动态空间分辨率和静态空间分辨率如图 4-41 所示，由于荧光屏上光电子的空间分布曲线几乎重合，因此 MCP 分幅变像管的动态和静态空间分辨率几乎相同。

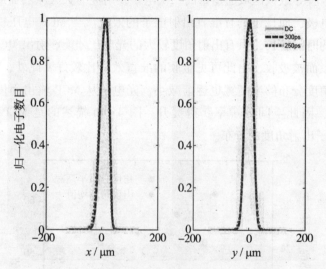

图 4-41   动态空间分辨率和静态空间分辨率

3. MCP 斜切角与空间分辨特性

为了防止 X 射线直穿 MCP，分幅变像管中使用的 MCP 一般设计了一定的斜切角。在 MCP 斜切角为 0°的情况下，当 MCP 加载 1 kV 的直流电压时，光电子在荧光屏 x 和 y 方向上的二维空间分布如图 4-42 所示，此时两个方向上的光电子分布半高宽均为 37.0 μm，即两个方向上的空间分辨率相同。而当 MCP 的斜切角增大到 6°时，光电子在荧光屏 x 和 y

方向上的二维空间分布如图 4-43 所示，其中 y 方向上光电子分布的半高宽与斜切角为 0°时相等，仍为 37.0 μm，但 x 方向上的光电子分布半高宽则增加至 38.7 μm，而且光电子分布的中心坐标由 0 μm 变化到 9.9 μm。由此可以判定，MCP 斜切角的存在会导致变像管的空间分辨率衰减，并造成光电子分布中心偏离原点。

当 MCP 和荧光屏分别加载 1 kV 和 4 kV 直流电压，MCP 和荧光屏之间的近贴聚焦距离为 0.5 mm 时，光电子在荧光屏 x 方向上的空间分辨率和光电子分布的中心坐标随 MCP 斜切角变化如图 4-44 所示，从图中可以看出：①斜切角增大，荧光屏 x 方向上光电子分布的半高宽增大，空间分辨率变差；②斜切角越大，荧光屏 x 方向上光电子分布的半高宽增加幅度越快；③斜切角变大，光电子分布中心位置的 x 坐标值变大。这些情况的产生与 x 方向上的光电子运动速度有关，若光电子从 MCP 输出面传输到荧光屏所需的时间为 t，光电子出射 MCP 时，在 x 和 z 方向上的速度 v_x 和 v_z 如公式(4-56)和公式(4-57)所示，其中 L_1 为 MCP 和荧光屏之间的近贴聚焦距离；a 为 MCP 与荧光屏间光电子的加速度；x 为落在荧光屏上的光电子在 x 轴上的坐标值。

$$L_1 = v_z \cdot t + 0.5at^2 \tag{4-56}$$

$$x = v_x \cdot t \tag{4-57}$$

当 MCP 斜切角分别为 0°、6°、12°和 18°时，光电子出射 MCP 后在 z 方向上（即垂直于荧光屏平面方向）和 x 方向上光电子的速度分布如图 4-45 所示，分析结果显示：①z 方向上光电子的速度分布受斜切角的影响较小，根据公式(4-56)，斜切角变化时，光电子从 MCP 输出面传输到荧光屏所需时间 t 的分布近似相同；②斜切角增大，x 方向上光电子速度分布的半高宽增大，而光电子从 MCP 输出面传输到荧光屏所需时间 t 的分布近似相同，根据公式(4-57)，荧光屏上 x 方向光电子分布的半高宽随着斜切角的增大而增大；③斜切角增大，光电子在 x 方向上的平均速度变大，这也引起光电子分布中心位置的 x 坐标值变大。

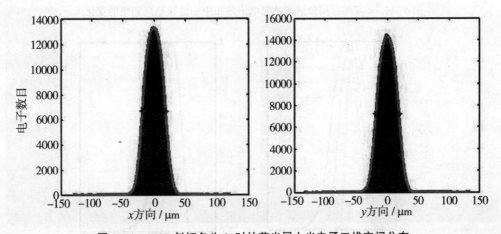

图 4-42　MCP 斜切角为 0°时的荧光屏上光电子二维空间分布

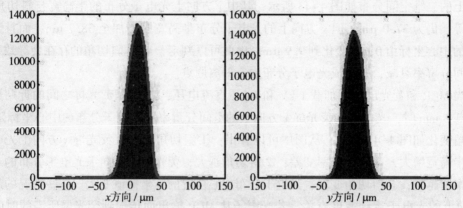

图 4-43 MCP 斜切角为 6°时的荧光屏上光电子二维空间分布

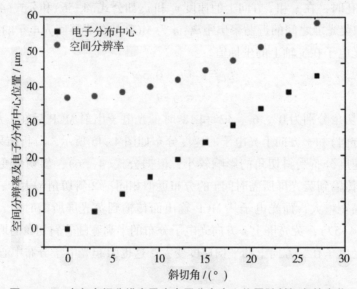

图 4-44 x 方向空间分辨率及光电子分布中心位置随斜切角的变化

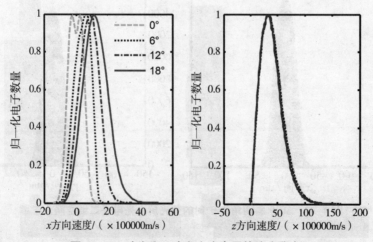

图 4-45 z 方向和 x 方向上光电子的速度分布

4. 近贴距离与空间分辨率性能

当 MCP 和荧光屏分别加载 1 kV 和 4 kV 的直流电压，MCP 斜切角为 6°，光电子在荧光屏上二维空间分布的半高宽随 MCP 与荧光屏间近贴距离的变化如图 4-46 所示，随着近贴距离的增加，光电子在荧光屏 x 和 y 方向上的分布半高宽均呈现出线性增大现象，且 x 与 y 方向上的光电子分布半高宽之差逐渐变大。

光电子从 MCP 输出面传输到荧光屏所需的时间如公式（4-58）所示，在光电子传输过程中，v_z 变化很小，通过计算得出 $v_z \in [1.13 \times 10^6, 5.89 \times 10^6]$，$2eU/m = 1.41 \times 10^{15}$，由于 $v_z \ll 2eU/m$，因此可以把 v_z 看成常数或忽略其变化，所以 t 与 L_1 可认为近似成正比，由此可推导 x 方向上的坐标与 L_1 也近似成正比。此外，光电子在 y 方向的坐标如公式（4-59）所示，与 x 方向坐标相似，y 方向上的坐标也与 L_1 近似成正比。

$$t = \frac{-v_z + \sqrt{v_z^2 + 2eU/m}}{eU} \times mL_1 \tag{4-58}$$

$$y = v_y \cdot t \tag{4-59}$$

设 MCP 出口处 x 和 y 方向上光电子速度分布的半高宽分别为 Δv_x 和 Δv_y，根据公式（4-58）的光电子运动时间，在荧光屏上 x 和 y 方向的光电子二维空间分布半高宽 Δx 和 Δy，以及两者之间的差值如公式（4-60）至公式（4-62）所示。

$$\Delta x = \Delta v_x \cdot t \tag{4-60}$$

$$\Delta y = \Delta v_y \cdot t \tag{4-61}$$

$$\Delta x - \Delta y = (\Delta v_x - \Delta v_y) \cdot t \tag{4-62}$$

由于近贴距离改变对光电子出射 MCP 时的速度分布影响较小，因此通过上述公式可推导出 Δx 和 Δy 与 t 成正比。此外通过 t 与 L_1 成正比的关系可得 Δx 和 Δy 与 L_1 成正比。采用相似的推理可获得 $\Delta x - \Delta y$ 与 L_1 成正比，所以 L_1 变大，$\Delta x - \Delta y$ 增大。这与图 4-46 的结论相一致。

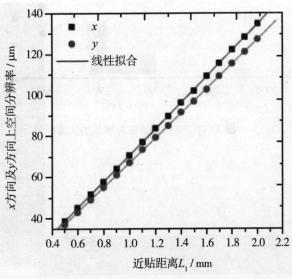

图 4-46　光电子在荧光屏上的分布半高宽与近贴距离的关系

5. 荧光屏电压与空间分辨性能

当 MCP 加载 1 kV 的直流电压，斜切角为 6°，MCP 与荧光屏之间的近贴聚焦距离为 0.5 mm 时，光电子在荧光屏上的分布半高宽随荧光屏电压变化如图 4-47 所示，其中曲线为二次多项式拟合，随着荧光屏电压提高，空间分辨率逐渐变好，且空间分辨率近似与 $\sqrt{U}$ 成反比。由于 $v_z^2 \ll 2eU/m$，因此在忽略 v_z 的情况下，公式（4-58）可简化为公式（4-63），在近贴聚焦距离不变时，t 近似与 $1/\sqrt{U}$ 成正比，根据公式（4-60）和公式（4-61），光电子在荧光屏上的空间分布半高宽也近似与 $1/\sqrt{U}$ 成正比，图 4-48 的描述能更明地看出光电子分布半高宽与 $1/\sqrt{U}$ 的线性关系，其中横坐标为 $1/\sqrt{U}$，纵坐标为光电子在荧光屏上的分布半高宽，曲线采用线性拟合。

$$t = \frac{\sqrt{2eU/m}}{eU} \times mL_1 = \frac{\sqrt{2m/e}}{\sqrt{U}} \times L_1 \tag{4-63}$$

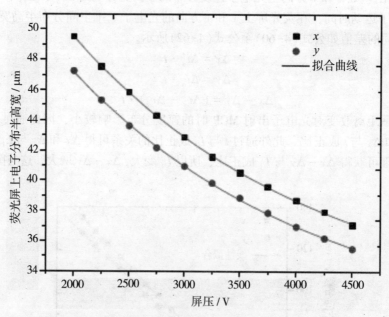

图 4-47　空间分辨率与屏压的关系

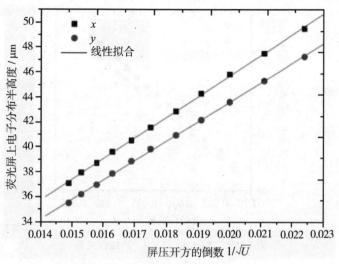

图 4-48　空间分辨率与 $1/\sqrt{U}$ 的关系

6. 场强恒定和近贴距离与空间分辨特性

当 MCP 加载 1 kV 直流电压，斜切角为 6°，MCP 与荧光屏间电场强度 E_{SCR} 恒为 4×10^6 V/m 时，电子在荧光屏上分布的半高宽 Δx 和 Δy 与近贴聚焦距离 L_1 的关系如图 4-49 所示，其中拟合曲线为二次多项式拟合曲线，当 E_{SCR} 恒定时，Δx 和 Δy 随着 L_1 的增大成非线性增加。屏压 U、E_{SCR} 和 L_1 的关系如公式（4-64）所示，根据该关系，公式（4-63）的光电子从 MCP 输出面传输到荧光屏所需时间可改写为公式（4-65）所示，结合公式（4-60）和公式（4-61），可获得 Δx 和 Δy 近似与 $\sqrt{L_1}$ 成线性关系，该线性关系如图 4-50 所示。

$$U = E_{SCR} \cdot L_1 \tag{4-64}$$

$$t = \sqrt{2m/(e \cdot E_{SCR})} \cdot \sqrt{L_1} \tag{4-65}$$

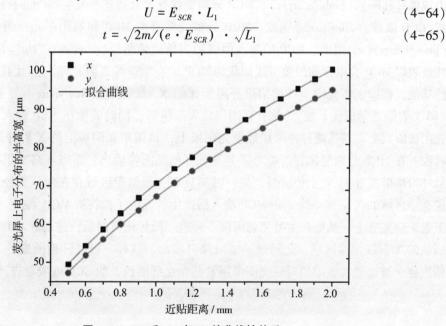

图 4-49　Δx 和 Δy 与 L_1 的非线性关系

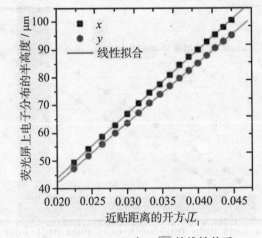

图 4-50　Δx、Δy 与 $\sqrt{L_1}$ 的线性关系

4.5　实用化分幅相机时空性能指标

4.5.1　行波选通分幅相机工作原理

行波选通 X 射线分幅相机系统如图 4-51 所示，该系统为四通道十六分幅相机，主要由成像针孔阵列（pinhole array）、MCP 分幅变像管、选通脉冲发生器（pulser）和图像记录装置（CCD 或胶卷 film pack）构成。MCP 分幅变像管由 MCP 和制作在光纤面板上的荧光屏（phosphor screen）组成。MCP 的输入面镀制四条微带阴极（microstrip cathode），选通电脉冲通过以 MCP 为电介质的微带线加载到 MCP 上；微带线表面镀有 Au，使其具备光电阴极的功能。在诊断实验中，将被拍摄等离子体的 X 射线像（X Ray source）经 4×4 针孔阵列（即 X 射线光学成像系统），把针孔图像放大数倍后，同时成像在 MCP 输入面对应的微带光阴极阵列上。若选通脉冲未加载至光阴极上，该微带光阴极上的 X 射线图像将被 MCP 吸收，在 MCP 分幅变像管的荧光屏上没有可见光图像输出；而当半高宽很窄的选通快门脉冲沿微带线在 MCP 上传输时，某一时刻只有一段微带区域存在电压，经某一个针孔成像在该区域的 X 射线图像，在 MCP 输入面产生的光电子像将被 MCP 增强，并在电场作用下轰击荧光屏上，从而产生可见光图像。经过一段传输时间后，选通脉冲到达另一个针孔所成的 X 射线图像区域，此刻该区域图像再输出，这样，针孔阵列所成的 X 射线图像将依次逐个被选通，输出的可见光图像用紧贴在光纤面板上的 CCD 或胶卷进行记录处理。

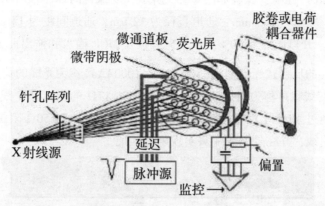

图 4-51　实用化行波选通 X 射线分幅相机系统

4.5.2　MCP 分幅变像管

MCP 分幅变像管是行波选通分幅相机系统的核心部件，主要由微带阴极、MCP 和制作在光纤面板上的荧光屏组成，其结构如图 4-52 所示。MCP 分幅变像管的作用是将 X 射线或紫外光转换成可见光，并通过电子倍增效应获得极高的增益，以此实现分幅相机系统的时间和空间分辨。分幅相机系统的低背景噪声，大动态范围等重要性能指标的实现均由 MCP 分幅变像管决定。MCP 分幅变像管具有以下 4 种功能：

（1）光电阴极受到 X 射线或紫外光的辐射，激发出光电子；

（2）微带阴极在选通期间，MCP 将光电子增益并输出；

（3）MCP 和荧光屏之间的强电场将输出的光电子加速并轰击荧光屏；

（4）荧光屏将光电子图像转换为可见光图像输出。

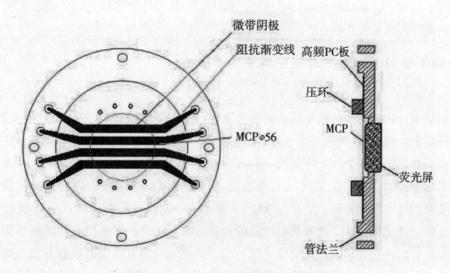

图 4-52　MCP 分幅变像管结构示意图

一种实用化 MCP 分幅变像管如图 4-53 所示，变像管的 MCP 外径和有效直径分别为 56 mm 和 50 mm，厚度为 0.5 mm，通道直径为 12 μm，通道间距为 14 μm，斜切角为 6°，体电阻为 70 MΩ，开口比约为 60%；采用掩膜板在 MCP 输入和输出面分别蒸镀出四条间隔 2 mm、宽 6 mm 的反射式光电阴极（5000 ÅCu+1000 ÅAu）；荧光屏的荧光质采用 P20，电极为 Al。微带渐变线也可称为阻抗渐变线，一段 50～17Ω 的阻抗渐变线与 MCP 上的微带阴极阻抗匹配，通过 MCP 上的微带阴极后，再经过另一段 17～50Ω 阻抗渐变线与 50 Ω 同轴电缆连接至外引线，并在外引线端头实现阻抗匹配。

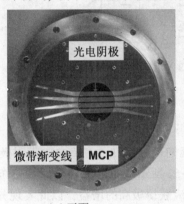 

（a）正面 （b）背面

图 4-53　一种实用化 MCP 分幅变像管

4.5.3　时间分辨性能指标

时间分辨率（或曝光时间）定义为分幅变像管 MCP 微带阴极的一个物理点的增益与时间曲线的半高宽，时间分辨率是分幅相机的最重要的技术性能指标之一，测试方法主要有扩束法和光纤传光束法 2 种。

1. MCP 分幅变像管的时间分辨率测量方法

（1）扩束法。

采用扩束法测量时间分辨率的装置如图 4-54 所示，碰撞锁模 Nd：YAG 激光器产生的光脉冲经放大、四倍频（波长变为 266 nm）并扩束后照射在 MCP 的微带阴极上。从主光路上分一小部分能量送入 PIN 光电转换探测器，产生一个触发脉冲，触发高压脉冲发生器工作。在实际工作中，首先在 MCP 上加载直流电压，测量微带阴极的静态图像，获得入射光在微带上的静态图像分布；然后在 MCP 上叠加一个超快高压选通脉冲，用 CCD 读出系统记录光的空间图像，获得微带阴极图像的动态分布；接着将采集的微带阴极图像动态和静态分布进行归一化处理，以此消除光脉冲的空间不均匀性对测量造成的误差；最后通过选通脉冲在微带阴极上的传输速度，将归一化的动态图像光强空间分布换算成时间分布，从而获得 MCP 分幅变像管的时间分辨率。

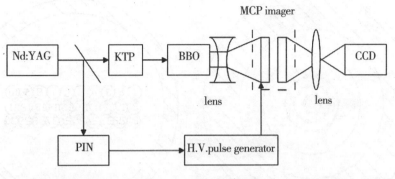

图 4-54　扩束法测量装置

（2）光纤传光束法。

光纤传光束法采用的延时光纤束如图 4-55 所示，延时光纤束由 30 根多模光纤组成，每根光纤芯的直径为 0.5 mm。光纤束中的光纤长度按等差数列递增，最短的光纤长 300 mm，等差数列公差为 2 mm，由于紫外光在石英光纤中传播速度近似为 $2×10^8$ m/s，因此紫外光在延时光纤束中的传输时间按 10 ps 递增。延时光纤束的输入和输出面示意图如图 4-56 所示，其中输入面的光纤无序地放在同一平面，而输出面光纤按照长度依次按一定间距整齐排列，编号为 1 的光纤长度为 300 mm，编号为 2 的光纤长度为 302 mm，依此类推，编号每增加 1，紫外光在光纤中的传输时间就延长 10 ps，以此实现 30 个光点到达时间的均匀递增。

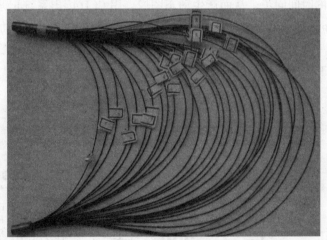

图 4-55　延时光纤束

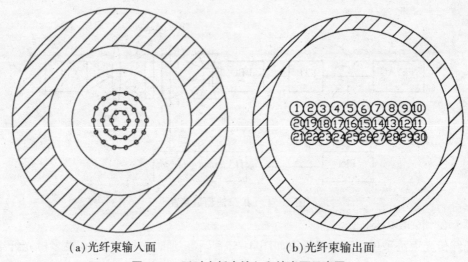

（a）光纤束输入面　　　　　　　　（b）光纤束输出面

图 4-56　延时光纤束输入和输出面示意图

　　采用光纤传光束法测量时间分辨率的装置如图 4-57 所示，碰撞锁模 Nd：YAG 激光器产生的光脉冲经放大、四倍频（波长变为 266 nm）、延时后均匀照射光纤传光束输入面，紫外光经光纤传光束形成相邻时间间隔为 10 ps 的 30 个光点，这些光点通过平行光管成像系统成像在 MCP 的微带阴极上。主光路另一束波长为 532 nm 的绿光送入 PIN 光电探测器，产生一个触发脉冲，触发高压脉冲发生器，调节延迟单元，使得光信号和选通脉冲到达 MCP 微带阴极的时间同步，从而产生动态图像，用 CCD 读出系统记录动态图像，得到微带像的动态分布，把微带像的动态分布和静态分布（静态图像为 MCP 加载直流电压时的光点图像）进行归一化处理，消除光脉冲的空间不均匀性对测量造成的影响，再由光点的时间延迟差，将归一化的动态像光强空间分布换算成时间分布，从而得到 MCP 分幅变像管的时间分辨率。

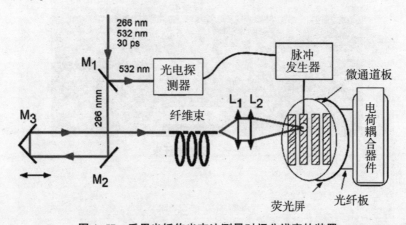

图 4-57　采用光纤传光束法测量时间分辨率的装置

　　两种时间分辨率的测试方法各具特点，扩束法在诊断实验中应用普遍，但该方法对扩束后照射在 MCP 微带上的光均匀性要求较高，当激光脉冲光斑较大的时候，时间分辨率的均匀性会有所影响；光纤传光束法则主要应用于分幅变像管的测试实验，该方法对激光模式的要求没有扩束法高，且较为简单明了，因此采用光纤传光束测试 MCP 分幅变像管的时间分辨率是实验室中最普遍的方法。

2. MCP 分幅变像管时间分辨率

当 MCP 和荧光屏上分别加载 −300 V 和 4 kV 直流电压，并在 MCP 上叠加幅值为 −2.5 kV 和半宽度为 230 ps 的选通脉冲时，分幅变像管时间分辨率如图 4-58 所示，通过对动态和静态图像进行归一化处理，并将归一化的动态像光强空间分布换算成时间分布后，高斯拟合曲线的半高宽为 53 ps，即分幅变像管的最优时间分辨率。

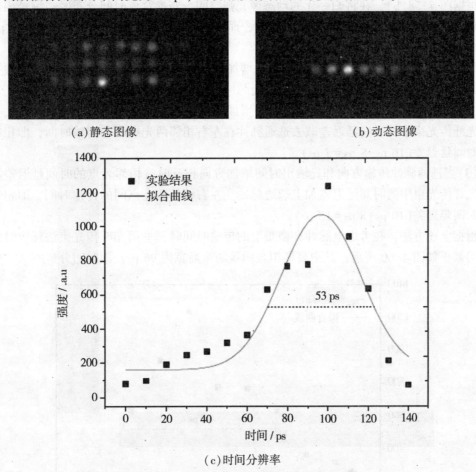

(a)静态图像　　　　　　　　　　　(b)动态图像

(c)时间分辨率

图 4-58　MCP 分幅变像管时间分辨率标定

2. 时间分辨率的修正

CCD 系统采集的 6 mm 微带阴极静态图像如图 4-59 所示，根据 CCD 的性能指标（分辨率为 1392×1040，像素尺寸为 6.45μm×6.45μm），微带上的 6 mm 对应在 CCD 采集图像中大约是 215 个像素。光纤传光束的静态图像中（图 4-58(a)），左右相邻两光点的像素数约为 58，即相邻两光点在微带线上的间距约为 1.6 mm。由于选通脉冲在微带线上的传输

速度约为 2×10^8 m/s，因此选通脉冲在相邻两光点间的传输时间约为 8 ps。图 4-58(c) 中，在将归一化的动态像光强空间分布换算成时间分布时，忽略了选通脉冲在微带上从一个光点到另外一个光点的传输时间，而认为编号相邻的两个光点的时间延迟差全部为 10 ps。那么在考虑选通脉冲传输时间的情况下，时间分辨率应该如何修正呢？

图 4-59　微带静态图像

根据图 4-58(b)，在将归一化的动态像光强空间分布换算成时间分布时，编号相邻的两光点的时间延迟差不能全部按 10 ps 计算，而要根据情况选择延迟时间为 2 ps、10 ps 或 18 ps，具体方法如下：

(1) 当选通脉冲传输方向和光输出时间增加方向垂直时，相邻光点的时间延迟差等于光在光纤传光束中的时间延迟差，不受选通脉冲在微带上传输时间的影响。

(2) 当选通脉冲传输方向和光输出时间增加方向相同时，相邻光点的时间延迟差等于光在光纤传光束中的时间延迟差减去选通脉冲在左右相邻两光点间的传输时间，即相邻光点的时间延迟差(10 ps-8 ps=2 ps)。

(3) 当选通脉冲传输方向和光输出时间增加方向相反时，相邻光点的时间延迟差等于光在光纤传光束中的时间延迟差加上选通脉冲在左右相邻两光点间的传输时间，即相邻光点的时间延迟差(10 ps+8 ps=18 ps)。

根据上述方法，在考虑电脉冲在微带上的传输时间时，采用光纤传光束法标定时间分辨率的修正如图 4-60 所示，其中高斯拟合曲线的半高宽为 96 ps，即时间分辨率。

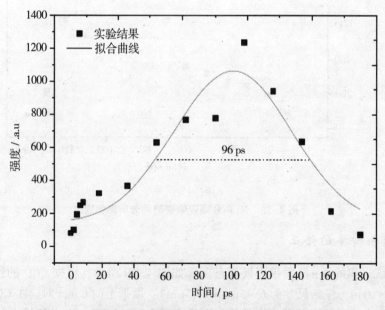

图 4-60　考虑电脉冲传输时间的时间分辨率(光纤传光束法)

　　理论上光纤传光束成像在微带上的所有光点均在垂直于电脉冲传输方向的直线上时最理想，实际上由于微带宽度的限制，在垂直于电脉冲传输方向的直线上只能有数个光点（图4-58(b)中只有3个光点）。为了减小电脉冲传输时间对时间分辨率标定的误差，可采用图4-61的光纤传光束输出端编号的排列，在这种排列中，同一列的光点的时间延迟差不需要考虑电脉冲的传输时间，仅在编号相邻但不在同一列上的两光点的时间延迟差需要考虑电脉冲的传输时间。

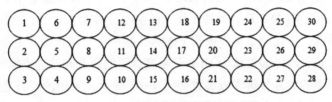

图 4-61　光纤传光束输出端排列图

3. MCP 偏置电压与时间分辨率

　　当 MCP 加载幅值为-2.5 kV、半宽度为 230 ps 的选通脉冲和-200 V 的直流电压时，MCP 分幅变像管时间分辨率如图4-62所示，其中图(a)为 CCD 系统采集的延时光纤束动态图像，图(b)的高斯拟合曲线的半高宽为 81 ps，即时间分辨率。对比图4-60，相对于 MCP 加载-300 V 的直流偏置，加载-200 V 时，时间分辨率提升了 15 ps，动态增益则降低了约 3/4。由此可见，MCP 所加载的负直流偏置电压越小，则时间分辨率越好，增益越低。

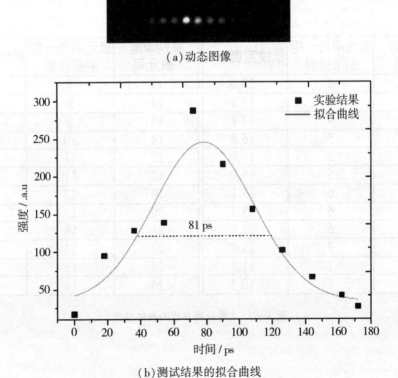

(a)动态图像

(b)测试结果的拟合曲线

图 4-62　MCP 加-200V 偏置的时间分辨率

4.5.4 空间分辨性能指标

1. 空间分辨率标定

MCP 分幅变像管的空间分辨率可分为静态空间分辨率(仅直流电压工作下的空间分辨能力)和动态空间分辨率(叠加选通脉冲工作下的空间分辨能力)。由于 MCP 分幅变像管采用近贴聚焦成像系统,因此动态工作模式下的选通脉冲仅起到开关光电子的作用,对成像质量没有显著的影响,所以通常认为 MCP 分幅变像管的静态和动态空间分辨率近似相等。

标定空间分辨率的 2 号分辨率板参数如图 4-63 所示,采用的平行光管成像系统放大倍率为~2.5,当 MCP 加载-400 V 的直流电压,屏压为 4.25 kV,MCP 与荧光屏的近贴距离为 0.5 mm 时,MCP 分幅变像管静态空间分辨率图像如图 4-64 所示,在此基础上,MCP 再加载幅度为-2.5 kV 和半宽度为 230 ps 的选通脉冲,获得的动态空间分辨率图像如图 4-65 所示。静态和动态图像中,第 1~11 单元组的 4 个方向都较清晰。采用公式(4-66)计算可得分幅变像管的静态和动态空间分辨率都为 17.86 lp/mm,其中 f_{tube} 为分幅变像管的空间分辨率(单位:lp/mm);Mag 为平行光管放大倍率;W_{stripe} 为能分辨 2 号分辨率板图像中的最小条纹宽度(单位:μm,参数如图 4-63 所示)。

$$f_{tube} = \frac{1000}{2 \times Mag \times W_{stripe}} \tag{4-66}$$

鉴别率板单元号	单元中每一组的条纹数	条纹宽度/μm	鉴别率板单元号	单元中每一组的条纹数	条纹宽度/μm
1	4	20.0	13	8	10.0
2	4	18.9	14	9	9.4
3	4	17.8	15	9	8.9
4	5	16.8	16	10	8.4
5	5	15.9	17	11	7.9
6	5	15.0	18	11	7.5
7	6	14.1	19	12	7.1
8	6	13.3	20	13	6.7
9	6	12.6	21	14	6.3
10	7	11.9	22	14	5.9
11	7	11.2	23	15	5.6
12	8	10.6	24	16	5.3

图 4-63 2 号分辨率板的具体参数

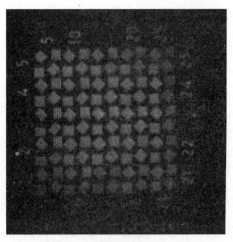

(a)静态图像　　　　　　　　　　　　　(b)第11组放大图像

图4-64　MCP分幅变像管静态空间分辨率标定

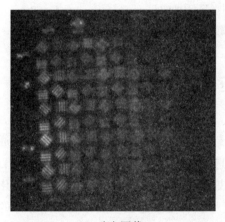

(a)动态图像　　　　　　　　　　　　　(b)第11组放大图像

图4-65　MCP分幅变像管动态空间分辨率标定

2. MCP 分幅变像管的调制传递函数 MTF

图像最亮处与最暗处的差别，反映了图像的反差即对比度。设图像最大亮度为 I_{max}，最小亮度为 I_{min}，采用调制度表示反差的大小，调制度 M 定义如公式(4-67)所示。被测目标通过 MCP 分幅变像管后，其调制度的变化是空间频率(空间周期的倒数)的函数，该函数称为调制传递函数 MTF。对于调制度为 M 的被测目标，经过 MCP 分幅变像管后所获图像的调制度为 M'，则 MTF 函数值如公式(4-68)所示。假设被测目标的调制度为1，则 MTF 值等于像的调制度。由静态空间分辨率图像(图4-64)MCP 分幅变像管的 MTF 曲线如图4-66所示，随着空间频率的提升，MTF 值逐渐下降，即图像质量逐渐降低。

$$M = \frac{I_{max} - I_{min}}{I_{max} + I_{min}} \tag{4-67}$$

$$\text{MTF}(f) = \frac{M'}{M} \tag{4-68}$$

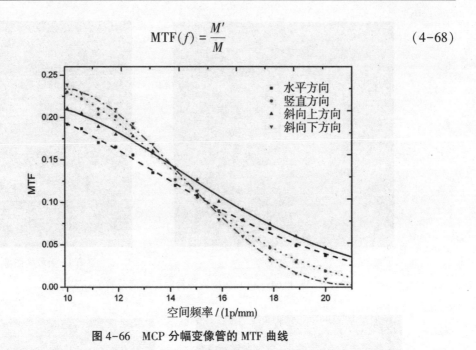

图 4-66　MCP 分幅变像管的 MTF 曲线

4.6　皮秒高压脉冲产生技术

皮秒高压电脉冲的产生是行波选通分幅技术实现的关键，直接决定了行波选通分幅相机系统的时间分辨率。MCP 分幅变像管要求选通脉冲具有上千伏的脉冲幅值，几百甚至几十皮秒的半高宽，以便获得足够的增益和较快的时间分辨率。因此，研究皮秒高压脉冲的产生技术对提升 MCP 分幅变像管的时间分辨率具有重要意义。皮秒高压电脉冲的产生技术主要有 2 种：光电导开关技术和雪崩晶体管技术。光电导开关技术通过光电开关产生高压脉冲，其脉冲幅值和波形会受激光脉冲的影响严重，而且触发光源的体积也较大。相对于光电导开关技术，采用雪崩晶体管产生皮秒高压脉冲具有触发能量小和输出脉冲不随触发光变化等优势，这种技术在国际上引起了许多研究者的高度关注，通过该技术设计的皮秒高压脉冲发生器已经广泛应用于激光技术、核物理、高速摄影和探地雷达等研究领域。

雪崩晶体管皮秒高压脉冲电路主要由雪崩三极管线路和雪崩二极管脉冲成形电路 2 部分组成，其基本原理是：首先采用雪崩三极管线路产生一个具有较快上升前沿的高压斜坡电脉冲，然后再用此高压斜坡电脉冲驱动雪崩二极管脉冲成形电路，从而获得皮秒高压窄脉冲。

4.6.1　高压斜坡电脉冲技术

1. 高压斜坡电路发展概况

最初高压斜坡电脉冲的产生是通过激光触发火花隙来实现，在该方法中，采用激光照射火花隙，使之产生气体放电过程，并引起间隙中产生等离子体，使火花隙迅速导通。火花隙可产生幅值高于 10 kV、上升沿小于 150 ps 的脉冲，可承受大电流冲击。采用该技术所需的触发电压要求达到数千伏，而且触发晃动比较大，同时整个电路系统的体积也比较庞大，因此很难获得进一步的发展。

目前，广泛应用于产生高压斜坡脉冲的技术主要有闸流管、光电导器件和雪崩晶体管 3 种。闸流管可用于设计传输线放电型脉冲发生器，该技术采用外信号源触发，输出脉冲幅值可高达 25 kV，上升沿为数纳秒至 20 ns，但触发晃动和触发延时一般都分别超过 2 ns 和 100 ns；利用光电导器件研制高压脉冲电路，可获得幅值 1 kV，上升时间小于 50 ps 的脉冲，但是采用光电开关产生的高压脉冲其幅度和形状均受激光脉冲的影响，且触发光源体积较大。雪崩晶体管脉冲电路可输出数千伏电压，触发电压低，晃动小，上升沿快（小于 1 ns），功耗低，体积小，且雪崩管在电路中可灵活应用，晶体管串联可获得高电压脉冲，并联则可获得大电流输出，因此采用雪崩晶体管作为脉冲发生器的开关元件最为广泛。

2. 雪崩晶体管工作原理

晶体管的输出特性主要体现在饱和区、线性区、截止区与雪崩区 4 个区域。以 NPN 型晶体管为例，集电极电流为 I_C 和基极电流为 I_B。当 $I_B > 0$ 时，I_C 随 I_B 成比例变化的区域就是线性区，而 I_C 随 I_B 无明显变化的区域是饱和区；$I_B = 0$ 特性曲线以下的区域是截止区；当 $I_B < 0$ 时，I_C 随集电极电压 U_{CE} 和 $-I_B$ 急剧变化的区域是雪崩区。发生雪崩是由于存在雪崩倍增效应，当 NPN 型晶体管的集电极加载高电压时，收集结空间电荷区内的电场强较大，进入收集结的载流子被强电场加速获得能量，高能载流子碰撞晶格产生电子—空穴对，新产生的电子—空穴又被强电场加速而重复上述过程，于是流过收集结的电流便"雪崩式"迅速增加，这就是晶体管的雪崩倍增效应。NPN 型晶体管特性曲线如图 4-67 所示，其中 V_{CEO} 到 V_{CBO} 之间的区域是雪崩区；V_{CEO} 是在基极处于开路时的集—射极间击穿电压；V_{CER} 是在基射极之间串有电阻时的集—射极间击穿电压；V_{CES} 是在基射极短路时的集—射极间击穿电压；V_{CEX} 是在基射极间加有反向偏置时的集—射极之间的击穿电压；V_{CBO} 是在射极开路时的集—基极间击穿电压。

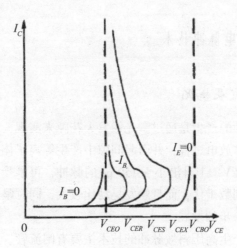

图 4-67   NPN 型晶体管特性曲线

晶体管在处于雪崩区时具有 4 个显著特点：①增益为正常工作时的 M 倍，其中 M 为雪崩倍增因子；②晶体管的有效截止频率高；③集—射极间呈负阻特性；④输出信号幅度与负载有关。

3. 雪崩晶体管脉冲电路

雪崩晶体管脉冲电路如图 4-68 所示，当触发脉冲为低电平时，雪崩晶体管截止，电压 E_c 对电容 C 充电，使得电容上的电压 U_C 慢慢升到 E_C，当足够大的触发脉冲到达时，晶体管进入雪崩负阻区，晶体管雪崩击穿，集电极快速产生雪崩电流，使得电容上的电荷通过雪崩管快速放电，同时在负载上生成窄脉冲。该脉冲电路满足的动态方程如公式（4-69）至公式（4-71）所示，其中 i 为雪崩管的总电流值；i_R 为 R_C 的电流值；i_A 为雪崩电流值；$U_C(0)$ 为电容 C 的初始电压值；R_L 为动态负载电阻；t 为雪崩时间。一般情况下，由于 $R_C \gg R_L$、$i_A \gg i_R$，因此可以认为 $i \approx i_A$，那么可将公式（4-71）简化为公式（4-72），而公式（4-73）中的 $E_C^{'}$ 被称为"动态电源"。

$$i = i_R + i_A \tag{4-69}$$

$$U_{CE} = E_C - i_R \cdot R_C \tag{4-70}$$

$$U_{CE} = U_C(0) - \frac{1}{C} \int_0^t i_A dt - i_A R_L \tag{4-71}$$

$$U_{CE} = U_C(0) - \frac{1}{C} \int_0^t i dt - i R_L = E_C^{'} - i R_L \tag{4-72}$$

$$E_C^{'} = U_C(0) - \frac{1}{C} \int_0^t i dt \tag{4-73}$$

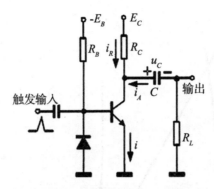

图 4-68　雪崩晶体管脉冲电路

4. 雪崩晶体管工作点移动过程

雪崩晶体管工作点的移动情况如图 4-69 所示。当无触发信号时，PP' 是其静态负载线，$-I_{B1}$ 特性曲线与 PP' 交于静态工作点 P 处，P 点处于 $-I_{B1}$ 特性曲线的正阻区，因而是一个稳定点。尽管雪崩晶体管的集电极承受较高的电压 V_p，但由于 I_C 很小，因此可近似地认为发射极截止。当存在触发信号时，正触发使基极正注入，特性曲线由 $-I_{B1}$ 变为 $-I_{B2}$，工作点沿负载线移动到负载线 CP 和 $-I_{B2}$ 特性曲线的交点 Q，Q 点处于 $-I_{B2}$ 特性曲线的负阻区域，是不稳定点，导致雪崩开始，电容开始放电，此时动态负载线为一条曲线（可由公式(4-72)推导获得）。

雪崩过程的动态负载主要由 R_L 决定。根据图 4-69 的描述，雪崩开始后负载线由 CP 变为 $E_C'Q$，由于雪崩倍增作用，工作点将以极快的速度推向 R 点，R 是 $-I_{B2}$ 特性曲线与动态负载线 $E_C'Q$ 的交点。在这种情况下，雪崩过程有以下 2 种选择：

(1)触发信号幅度低、时间短，R 不再向左推进，同时 C 上电荷的消耗使 E_C' 减小，动态负载线左移，工作点顺着特性曲线下降。动态负载线与特性曲线相切时，产生反向积累过程，雪崩工作点返回 $-I_{B1}$ 特性曲线的 V' 点，由于 $-I_{B1}$ 的作用，工作点又回到 P 点。

(2)触发信号幅度高、时间长，基极注入持续增加，将工作点自 R 点推至二次击穿区域，进一步加速雪崩过程，工作点移到二次击穿特性曲线与动态负载线的交点 S 为止，雪崩过程结束。此时，触发信号已不存在，但 PN 结内有存储电荷，晶体管将继续导通。随着 C 放电，动态负载线左移。当动态负载线与特性曲线相切时，产生反向积累过程，工作点跳到 B 点。存储电荷全部耗散尽时，工作点回到 $-I_{B1}$ 特性曲线上的 V 点，然后 C 充电，工作点回到 P 点。

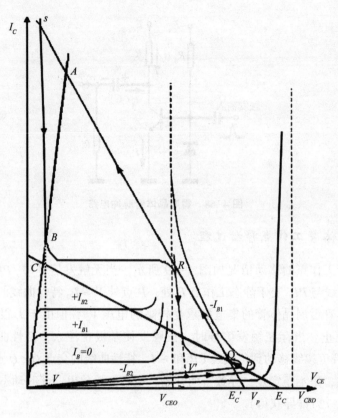

图 4-69　雪崩晶体管工作点的移动过程

5. 晶体管雪崩过程波形

雪崩过程的波形如图 4-70 所示，如果晶体管内阻较小，发生二次击穿时，开路输出幅度约为 E_C，而没有发生二次击穿时，开路输出幅度约为 $0.5E_C$；如果晶体管的内阻等于负载电阻，则二次击穿时，电路输出幅度约为 $0.5E_C$，而无二次击穿时，输出幅度约为 $0.25E_C$。图中的①为晶体管内阻较小时，可能的雪崩过程波形，②为晶体管的内阻等于负载电阻时，可能的雪崩过程波形。

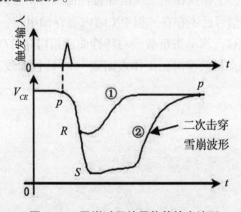

图 4-70　雪崩过程的晶体管输出波形

6. 晶体管二次击穿特性

晶体管在雪崩区形成负阻特性，处于 V_{CEO} 与 V_{CBO} 间的区域为负阻区，若电流继续增大，则会使晶体管产生二次击穿。二次击穿区域呈负阻特性，负电阻在动态状态下可以存储和释放能量，这个显著的特性就是采用晶体管制作脉冲电路的最根本原因。晶体管的二次击穿特性描述如图 4-71 所示，负载线 ae 贯穿两个负阻区，工作点 a 通过负阻区交点 b 而到达 c 点，这是一个双稳态的特性。如果工作点停留在 c 点，则称 c 点被封锁，但晶体管的推动能力很强，c 点往往不能被封锁，工作点会继续经过第二负阻区交点 d 而移动到 e 点。工作点从 a 到 e 共经过 2 个负阻区，即电信号经过 2 次正反馈的加速，因而，所获得信号的幅度较大，速度较快。如果存在负载线较陡的情况时，就有可能出现图中 $a'b'$ 的情形，这样该负载线与二次击穿曲线无交点，而是直接把工作点推向饱和区，此时只产生一次负阻加速。

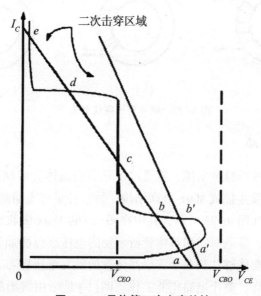

图 4-71　晶体管二次击穿特性

7. 同步触发电路

分幅相机欲拍摄的目标，大多是极为短暂的高速流逝过程，为了保证相机能够获取被摄目标的信息，图像和皮秒高压电脉冲需同步到达分幅相机的光电阴极，因而必须有一个触发信号，使得脉冲电路正常工作。使触发电路与目标同步主要有以下 2 种方式：一是光触发，被测目标发出的光经光电转换器产生的电信号使触发电路工作；二是目标出现的瞬间给触发电路一个电信号使触发电路工作。这 2 种方式均要求同步触发电路具有 3 个基本特点：一是触发晃动小、延时短；二是触发上升沿快；三是触发脉冲幅度和半宽度适中，且脉冲宽度应大于被触发电路的固有延时。行波选通 MCP 分幅相机在应用于惯性约束聚变诊断实验时，通常采用光触发方式，通过目标发出的光，照射高速光电二极管产生电信号，经延时单元的控制，触发皮秒高压脉冲电路系统，实现选通高压脉冲和被测等离子体 X 射线图像在时间上的同步。

为提升触发信号的稳定性，通常采用脉冲变压器耦合触发信号，完善同步触发电路的设计。脉冲变压器是一种工作在暂态中的变压器，属于宽频变压器，在工作中脉冲变压器利用铁芯的磁饱和性能把输入的正弦波电压变成窄脉冲形输出电压，具有带宽高、衰减和失真小等优点。为了降低变压器的损耗和适用于高磁通变化率工作状态，通常采用铁氧体制作脉冲变压器的磁芯。脉冲变压器的高频响应特性主要受漏电感和分布电容影响，由于脉冲变压器具有线圈匝数少的特点，因此相对较小的漏电感和分布电容使其具备良好的高频特性，所以非常适用于耦合触发脉冲的应用。常见的脉冲变压器绕制方法如图 4-72 所示，其中 (a) 的绕法会产生较大的漏电感，使脉冲变压器的性能不佳，而 (b) 和 (c) 是两种普遍认同的能保证脉冲变压器具有较好性能的绕制方法。

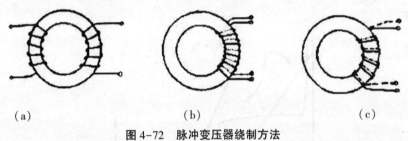

(a)　　　　　　　　　　(b)　　　　　　　　　　(c)

图 4-72　脉冲变压器绕制方法

8. 雪崩三极管线路

为了能获得较高幅度的脉冲电压，常通过多只雪崩晶体管实现，采用的方法主要有 2 种：一种是将雪崩晶体管连接成 Marx 级联结构，另一种是将雪崩晶体管接成雪崩管串。2 种实现方法的电路结构如图 4-73 所示，其中在图 (a) 的 Marx 级联结构中，每个雪崩晶体管都有自己的储能电容，导通时雪崩晶体管所承受的电压逐级叠加到输出级，这种结构的优点是供电电压低，只要能够达到单个雪崩晶体管的触发电压即可，并且除第一级外，即使有雪崩晶体管发生损坏，整个电路仍能工作。图 (b) 是采用雪崩晶体管串形式的斜坡脉冲电路，这种电路结构所需要的驱动电压较高，但其输出脉冲具有较快的上升前沿。对比 2 种高幅值脉冲电压输出的方法，Marx 级联结构具有驱动电压比较低的优点，但是脉冲电路系统中的分布电容比较大，对输出脉冲的上升前沿时间具有显著的影响，而且比较大的分布电容也是脉冲电路的稳定运行工作的一个隐患，尤其是在高电压幅值脉冲输出情况下，采用 Marx 级联结构的脉冲电路系统将非常容易出现雪崩晶体管的击穿损坏的现象。雪崩晶体管串联结构则具有比较小的分布电容，有助于缩短输出脉冲的上升前沿时间，但是在使用雪崩晶体管数目较多的情况下，这种形式的脉冲电路需要比较高的直流高压供电，这往往会导致脉冲电路在工作中容易产生高压放电打火。

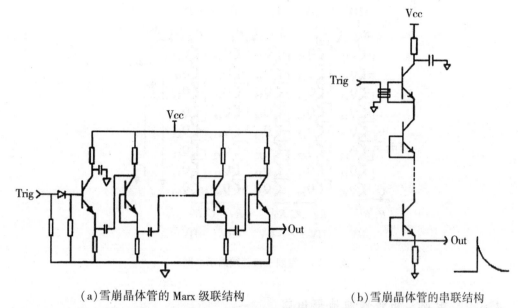

（a）雪崩晶体管的 Marx 级联结构　　　　　　（b）雪崩晶体管的串联结构

图 4-73　2 种高压脉冲输出电路结构

　　Marx 级联结构和雪崩晶体管串结构 2 种设计方法各有特点，结合两者优点，在此介绍一种新型的，采用雪崩三极管线路设计的高压脉冲输出电路如图 4-74 所示，在脉冲电路系统中，所有的雪崩晶体管均安装在 50 Ω 传输线结构上。在系统工作过程中，触发信号经脉冲变压器触发雪崩晶体管 Q_{13}，当 Q_{13} 雪崩导通后，它立即从高电压低电流状态转变为高电流低电压状态，以至于使电流流过整个环路，而当电流增大到一定程度时，Marx 级联电路中所有雪崩晶体管被二次击穿，同时产生具有皮秒上升前沿的高压脉冲，此处的快速上升前沿可以解释为所有雪崩晶体管同时发生二次击穿。该电路系统将产生 2 个向相反方向传输的高压脉冲，负脉冲向输出端传输，正脉冲往另一端传输，并最终被 50Ω 的匹配电阻 R_1 吸收。

　　为了保证获得大斜率上升前沿的稳定性，脉冲电路系统中的串联雪崩晶体管性能必须具有较高的一致性，即所有雪崩晶体管的击穿电压和触发延迟一致，因此通常采用 2N5551 型雪崩晶体管。该类型的雪崩晶体管具有较高的雪崩电压（350～400 V）、良好的集电极雪崩电压稳定性，而且 V_{CBO} 和 V_{CEO} 分别可以达到 180 V 和 160 V，同时能够满足脉冲电路系统设计中雪崩晶体管的 5 项基本指标参数：①具有较大的 V_{CEO}；②具有较大的 V_{CBO}，并同时保证雪崩区域尽量宽；③具有较大的共射极电流放大系数 β；④具有较小的开关时间，即 f 尽量高；⑤具有较小的饱和压降。

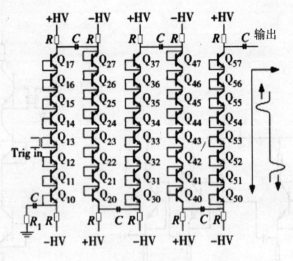

图 4-74 雪崩三极管线路示意图

4.6.2 雪崩二极管脉冲成形电路

1. 电路结构

1979 年，Gtekhov 研究团队在研究中发现具有 P^+NN^+ 结构的雪崩二极管能使脉冲上升前沿变小的特性，这一发现促进了二极管在电路系统设计中的发展，其中以雪崩二极管（Avalanche diode）为核心的皮秒高压脉冲电路取得了相当大的进展，并在许多研究领域获得了广泛的应用。

雪崩二极管是一种特殊的二极管，它是利用半导体结构中载流子的碰撞电离和渡越时间 2 种物理效应而产生负阻的固体微波器件，其基本原理源于雪崩击穿引起载流子倍增效应特性，具有超低噪声、高速和高互阻抗增益的优点。雪崩二极管工作在雪崩击穿状态时，可减小驱动脉冲的上升时间，通常采用雪崩二极管设计脉冲成形电路的形式有 2 种：串联形式和并联形式。

(1) 串联形式。

采用雪崩二极管串联形式的电路设计结构如图 4-75(a) 所示，在工作中，正高压驱动脉冲经过输入电感 L_1 到达雪崩二极管，开始对电容 C_1 充电，当电压增加到雪崩电压时，雪崩二极管雪崩，并产生一上升速率极快的前沿经输出电容 C_2 微分及输出电感 L_2 滤波后输出正高压皮秒脉冲。采用串联形式的线路结构，其特点是输出幅度主要取决于驱动脉冲的幅度，而不受二极管雪崩电压的限制，并且可以获得很高的输出脉冲幅值，但脉冲宽度不易做窄。

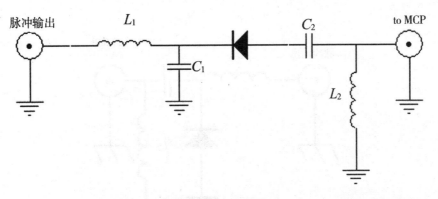

(a)雪崩二极管串联结构

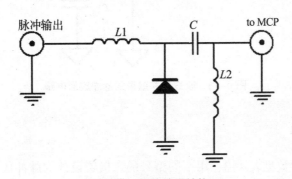

(b)雪崩二极管并联结构

图 4-75　脉冲成形电路的 2 种结构

（2）并联形式。

采用雪崩二极管并联形式的电路设计结构如图 4-75(b)所示，在工作中，正高压驱动脉冲经过输入电感 L_1 到达雪崩二极管，使其反向加压，当输入脉冲到达一定幅度时，二极管雪崩击穿，产生一极快的电压下降压，经输出电容 C 耦合微分后再经输出电感 L_2 滤波输出负皮秒高压脉冲。

通常为了获得较窄的皮秒高压脉冲，研究者在图 4-75(b)的并联形式基础上对其进行了改进，新型的并联形式电路如图 4-76 所示，与常规的并联形式相比，新型电路增加了一个雪崩二极管和一个电容 C_1。在整个电路系统中，雪崩二极管、电感 L、电容 C、电感 L_1 和电容 C_1 各自具有不同的作用，其中两个串联的雪崩二极管主要用于提高电路输出电压的幅度；电感 L 主要起隔离作用，通过选取适当的电感值，使 L 对速度较慢的驱动脉冲阻碍不大，而对速度较快的输出脉冲有较强的隔离作用，这样不仅能够避免输出脉冲返回到前一级电路，而且还可以增加正常输出的脉冲幅度；电容 C 一方面隔离了驱动脉冲，使得驱动脉冲不能直接通过对输出造成不利影响，另一方面对二极管的雪崩沿微分使脉冲成形；电感 L_1 和电容 C_1 组成一个高通滤波器，其作用主要是对电容微分成形的脉冲再次滤波以减小脉冲的宽度。特别要注意的是，由于电路工作频率非常高，因此分布电容和分布电感对电路系统的影响会比较大，所以电路系统中的元器件之间要尽可能地采用最短连接线。

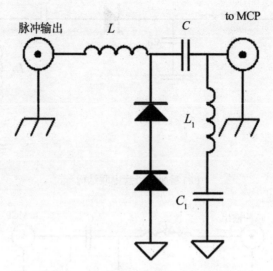

图 4-76　改进的并联形式脉冲成形电路

2. 二极管选择

常用二极管的参数见表4-3，用不同型号的二极管设计的脉冲成形电路(采用改进并联形式)，获得的皮秒高压脉冲参数见表4-4，表中同一型号后面括号内表示生产商，其他元器件的参数为 $L=68$ nH、$C=2$ pF、$L_1=2$ nH、$C_1=100$ pF。表4-4的汇总数据显示，采用雪崩二极管 BY228(V) 制作的脉冲成形电路，输出波形较其他二极管的要好，这是因为该类型的雪崩二极管具有最大工作温度高，反向漏电流低，稳定性能好和最大反向电压大等特点。

表 4-3　常用二极管的参数

型号	最大反向峰值电压/V	最大正向平均电流/A	最大正向浪涌电流/A	最大反向漏电流/μA	最大正向电压/V
BY228	1650	5	130	5	1.4
BY255	1300	3	100	10	1.1
1N5408	1000	3	200	5	1.1
1N5406	600	3	200	5	1.1

表 4-4　脉冲信号参数

所用二极管型号	皮秒高压脉冲幅值/kV	皮秒高压脉冲宽度/ps
BY228(V)	2.05	176
BY228(PH)	1.9	180
BY255	1.8	180
1N5408(MIC)	1.6	170
1N5408(DC)	1.5	190
1N5408(亚)	1.7	165
1N5406	1.6	160

4.7　皮秒高压电脉冲传输技术

4.7.1　传输线特性阻抗

　　用来导引电磁波传输的导体或介质系统称为传输线，通常采用2根非常靠近的导体组成。传输线在用于传输高频信号时，存在一些分布参数效应，如分布电阻、分布电导、分布电感和分布电容等。在分幅变像管工作中，一般采用同轴传输线进行高压电脉冲的传输，其基本结构如图4-77所示，由半径为 a 的内导体、半径为 b 的外导体和电介质层同轴配置而成。同轴传输线除端面外，外导体包围内导体，屏蔽性能好，因此，它对周围环境的寄生耦合也比较小，且可装卸方便，损耗小。由于分幅相机电控系统传输的是具有高频信号的高压脉冲，因此在实际工作中，不能忽略同轴传输线的分布参数效应，具体包括：同轴传输线的单位长度电感如公式(4-74)所示，同轴线单位长度电容如公式(4-75)所示，同轴线特性阻抗如公式(4-76)所示。

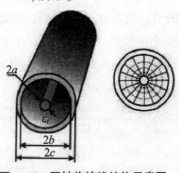

图 4-77　同轴传输线结构示意图

$$L_0 = \frac{\mu_r \mu_0}{2\pi} \ln \frac{b}{a} \qquad (4-74)$$

$$C_0 = 2\pi \varepsilon_r \varepsilon_0 / \ln \frac{b}{a} \qquad (4-75)$$

$$Z_0 = \frac{1}{2\pi} \sqrt{\frac{\mu_1 \mu_0}{\varepsilon_r \varepsilon_0}} \ln \frac{b}{a} = \frac{60}{\sqrt{\varepsilon_r}} \ln \frac{b}{a} \qquad (4-76)$$

4.7.2 微带线特性阻抗

行波选通 X 射线分幅变像管的 MCP 输入面、输出面均镀有 Ni、Cu 和 Au，构成微带线传输线结构，且输入面又具有光电阴极的功能，故微带线既要对 X 射线灵敏，又要有良好的高频信号传输能力，以至于超快高压选通脉冲能以行波方式在微带线上传输，进行选通。微带线的特性阻抗主要取决于微带线的宽度和 MCP 的厚度，与微带线所镀金属的厚度相关性较小，典型的特性阻抗为 1~25 Ω。MCP 分幅变像管的微带线结构如图 4-78(a) 所示，4 条彼此独立的微带线，以相互平行的排列方式制作在 MCP（直径 56 mm，厚度 0.5 mm）的输入面上，每条微带线的宽度是 6 mm，相邻微带间的间隔是 2 mm。

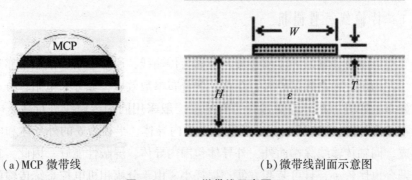

（a）MCP 微带线　　　　　　　　　　（b）微带线剖面示意图

图 4-78　MCP 微带线示意图

微带线的剖面示意图如图 4-78(b) 所示，设计微带线时，根据 W/H 的情况，微带线的特征阻抗 Z_0 和空气-介质混合后的等效介电常数 ε_e 也有所变化。当 $W/H \leqslant 1$ 时，Z_0 和 ε_e 如公式(4-77)和公式(4-78)所示；而当 $W/H \geqslant 1$ 时，计算方法如公式(4-79)和公式(4-80)所示，其中 ε_r 为介质的相对介电常数。以上公式在 $0.05 < W/H < 20$ 和 $\varepsilon_r < 16$ 时，计算精度较高。当 MCP 的相对介电常数 $\varepsilon_r = 2.9 \sim 4.0$，MCP 厚度 $H=0.5$ mm，微带线宽度 $W=6$ mm，那么计算的 $Z_0 \approx 13.20 \sim 15.38\Omega$。

$$Z_0 = \frac{60}{\sqrt{\varepsilon_e}} \ln\left(\frac{8H}{W} + 0.25 \frac{W}{H} \right) \qquad (4-77)$$

$$\varepsilon_e = \frac{\varepsilon_r + 1}{2} + \frac{\varepsilon_r - 1}{2} \left[\left(2 + \frac{12H}{W} \right)^{-0.5} + 0.041 \left(1 - \frac{W}{H} \right)^2 \right] \qquad (4-78)$$

$$Z_0 = \frac{120\pi}{\sqrt{\varepsilon_e}} \cdot \frac{1}{[W/H + 1.393 + 0.667\ln(W/H + 1.4444)]} \tag{4-79}$$

$$\varepsilon_e = \frac{\varepsilon_r + 1}{2} + \frac{\varepsilon_r - 1}{2}\left(1 + \frac{12H}{W}\right)^{-0.5} \tag{4-80}$$

如果令微带导体厚度 $l \approx 0$，可等效为导体带宽度为 W_e，W/H 的修正方法如公式(4-81)所示，其中 $(t < H, \ t < W/2)$：

$$\frac{W_e}{H} = \begin{cases} \dfrac{W}{H} + \dfrac{t}{\pi h}\left(1 + \ln\dfrac{2h}{l}\right) & \dfrac{W}{H} \geqslant \dfrac{1}{2\pi} \\[3mm] \dfrac{W}{H} + \dfrac{t}{\pi h}\left(1 + \ln\dfrac{4\pi W}{l}\right) & \dfrac{W}{H} \leqslant \dfrac{1}{2\pi} \end{cases} \tag{4-81}$$

如果在设计微带线时，给定已知的 Z_0 和 ε_r，导体带宽度 W 的计算方法如公式(4-82)至公式(4-84)所示。

$$\frac{W}{H} = \begin{cases} \dfrac{8e^A}{e^{2A} - 2} & \dfrac{W}{H} \leqslant 2 \\[3mm] \dfrac{2}{\pi}\left[B - 1 - \ln(2B - 1) + \dfrac{\varepsilon_r + 1}{2\varepsilon_r}\left(\ln(B - 1) + 0.39 - \dfrac{0.61}{\varepsilon_r}\right)\right] & \dfrac{W}{H} > 2 \end{cases} \tag{4-82}$$

$$A = \frac{Z_0}{60}\sqrt{\frac{\varepsilon_r + 1}{2}} + \frac{\varepsilon_r - 1}{\varepsilon_r + 1}\left(0.23 + \frac{0.11}{\varepsilon_r}\right) \tag{4-83}$$

$$B = \frac{337\pi}{2Z_0\sqrt{\varepsilon_r}} \tag{4-84}$$

4.7.3　传输渐变线

在 MCP 选通分幅相机中，电控系统产生的皮秒高压脉冲使用同轴电缆传输到 MCP 微带线。由于皮秒高压脉冲信号的频谱分量可扩展到千兆赫兹以上，因此传输过程中存在损耗、匹配和反射等问题。同轴传输线存在分布电感和分布电容，如果传输线无损耗，其特性阻抗 $Z_0 = \sqrt{L/C}$，其中 L 为每单位长度的电感、C 为每单位长度的电容。若均匀传输线的终端所接负载的阻抗为 Z_0，便不会产生反射，称之为阻抗匹配。所有匹配的传输线都呈无反射负载，完全吸收在传输线中传输的能量。当负载的阻抗不等于 Z_0 时，便有一部分能量反射回去形成反射波，称之为阻抗失配。当传输线结构尺寸不变，则无论传输线有多长，特性阻抗恒定。线径的改变，影响单位长度电感 L；线间间隔的改变，影响单位长度电容 C，特性阻抗的改变之处将造成反射。阻抗失配会对皮秒高压脉冲信号产生严重的不良后果，使信号损耗大，波形畸变、反射等，导致最终加在 MCP 上的波形杂乱且有效电压低，无法实现选通，因此皮秒高压脉冲信号传输线的阻抗匹配尤为重要。

在分幅相机系统中，为实现超快高压脉冲和微带线的阻抗匹配，通常将选通脉冲发生器产生的皮秒高压脉冲信号经 50Ω 的同轴电缆送入 MCP 分幅变像管外端的射频连接器 (SMA)插头，SMA 插头短接 PCB 板上的 50Ω 微带线，再经过一段 50~17Ω 的阻抗渐变线与 MCP 上的微带阴极阻抗匹配，通过 MCP 上的微带阴极后，再经过另一段 17~50Ω 阻抗渐变线与 50Ω 同轴电缆连接至外引线，并在外引线端头实现阻抗匹配。

由于 SMA 和 MCP 上微带线的阻抗不同，阻抗变换线选择渐变式阻抗变换器。多节 $\lambda/4$ 阶梯阻抗变换器，每个连接处的尺寸变化较小，n 个 $\lambda/4$ 阻抗变换器有 $n+1$ 个连接面，将产生 $n+1$ 个反射波，这些反射波到达输入端时彼此间有一定的相位差，反射波的增多使每一个反射波的振幅变小，这些反射波在输入端叠加使得反射波在某些频率上彼此抵消或部分抵消，所以多节 $\lambda/4$ 阶梯阻抗变换器能在较宽的频带内有较小的反射系数。用于多节阻抗变换器的渐变线有多种形式，如指数形式、直线形式、三角式和切比雪夫式等，在实用化分幅相机系统中通常采用指数式渐变线。指数式渐变线是一种 $\ln(Z/Z_0)$ 作线性变化的渐变线，其 Z/Z_0 由 1 到 $\ln(Z/Z_0)$ 指数变化，即 $Z(x) = Z_0 e^{ax}$，$0 < x < l$，其中 $a = 1/l \cdot \ln(Z_l/Z_0)$。常用的微带渐变线 PCB 板设计如图 4-79 所示。

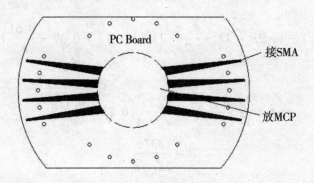

图 4-79　微带渐变线

第 5 章　时间展宽型变像管分幅相机关键技术

在激光惯性约束聚变的最后阶段，聚变燃烧持续时间约为 100 ps，此时靶核被压缩至几十个微米，对该阶段等离子体时空演化的测量要求 X 射线分幅相机具有数微米的空间分辨能力和优于 30 ps 的时间分辨能力。由于微通道板（Micro Channel Plate，MCP）中电子渡越时间和渡越时间弥散的限制，MCP 变像管分幅相机的时间分辨能力提升难以取得突破性进展，在国际上，应用于激光惯性约束聚变诊断实验研究的实用化 MCP 变像管分幅相机的时间分辨率约为 60 ~100 ps，而采用厚度为 0.2 mm 的 MCP，研制的变像管分幅相机能够有效地降低电子在 MCP 中的渡越时间和渡越时间弥散，将分幅相机的时间分辨率提高至 35 ps 左右，但这种薄 MCP 变像管分幅相机的信噪比相对较差，增益也相对较低，而且 MCP 相当脆弱。因此，通过减小 MCP 厚度的方法实现分幅相机时间分辨率提高，始终无法获得更进一步的发展和推广应用。

为满足激光惯性约束聚变诊断实验对更快时间分辨率的需要，2010 年美国研究者在 MCP 行波选通变像管分幅相机的基础上，采用电子束时间展宽技术和磁聚焦成像技术研制了时间展宽分幅相机，电子束时间展宽技术可将传统 MCP 分幅相机的时间分辨率性能提升约 17 倍，最快时间分辨率可达到 5 ps。电子束时间展宽技术能提升时间分辨率的工作原理如图 5-1 所示，系统由光电阴极（photocathode）、栅网（anode mesh）、光电子漂移区（drift space）和 MCP 分幅相机组成，系统工作时，首先入射具有一定脉冲宽度的紫外光信号被光电阴极转换为光电子信号；然后，在加速带中（光电阴极和栅网之间），由于时变加速电场（阴极加载负直流高压，阴栅间加载斜坡上升脉冲，阳极栅网接地）作用，因此光电子的加速能量按产生的时序递减；接着，具有递减加速能量的光电子束在通过漂移区（栅网与 MCP 之间的区域）传输后，在到达 MCP 分幅相机输入面时，光电子信号在时间上被展宽；最后，在选通脉冲作用下，采用 MCP 分幅相机只是采集到展宽后的部分光电子信号，所以能成倍提升分幅相机的时间分辨率。由于光电子信号传输过程中会产生空间弥散现象，因此在漂移区内采用磁聚焦成像系统保证相机成像和提高空间分辨性能。目前，按照成像系统时间展宽分幅相机可分为长磁聚焦型和短磁聚焦型。

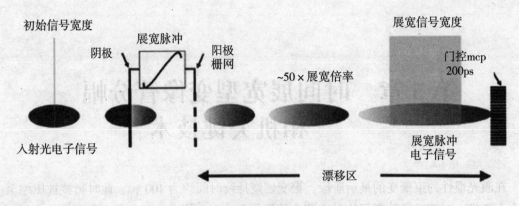

图 5-1　时间展宽分幅相机工作原理

5.1　时间展宽分幅相机理论模型

时间展宽分幅相机模型建立包括 MCP 分幅变像管、光电子发射、电场计算、磁场计算和电子运动轨迹计算等几个方面，其中 MCP 分幅变像管的蒙特卡罗模型已于 4.3 节介绍。

5.1.1　光电子发射模型

光电阴极的特性已于 4.2 节介绍，从光电阴极表面出射的光电子一般都满足一定的统计分布特性，且其分布与产生光电子的光源紧密相关。这些分布主要包括光电子发射能量分布、发射角度分布(详情见 4.3.2 节的二次电子发射角度)和发射时间分布。

1. 光电子发射能量分布

光电子出射能量如公式(5-1)所示，一般服从 $\beta(k, l)$ 分布，最普遍采用 $\beta(1, 4)$ 。

$$N(\xi) = \frac{(k + l + 1)!}{k!\ l!} \xi^k (1 - \xi)^l \tag{5-1}$$

2. 光电子发射时间分布

光电子脉冲发射时间分布采用的高斯分布如公式(5-2)和公式(5-3)所示。

$$f(t) = \frac{1}{\sqrt{2\pi}\ \sigma} e^{-\frac{(t-\mu)^2}{2\sigma^2}} \tag{5-2}$$

σ 与高斯曲线的半高宽 Δt 之间的关系为：

$$\sigma = \sqrt{-\frac{(\Delta t/2)^2}{2 \cdot \ln(0.5)}} \tag{5-3}$$

5.1.2　电场计算模型

1. 有限差分方程

根据电磁场理论，静电场中电位分布函数满足拉普拉斯方程（或泊松方程）。电子光学中，平面场和旋转轴对称场都可以归结为二维场，因此拉普拉斯方程如公式（5-4）所示，其中 $\beta = r$ 为旋转轴对称场，$\beta = 1$ 为平面场。

$$\nabla^2\varphi = \frac{\partial}{\partial z}\left(\beta\frac{\partial\varphi}{\partial z}\right) + \frac{\partial}{\partial r}\left(\beta\frac{\partial\varphi}{\partial r}\right) = 0 \tag{5-4}$$

在实际的电子光学系统中，由于边界条件的复杂性，通过解析法并不易求解拉普拉斯方程或者泊松方程，因而求解其电位函数不用解析函数严格表示。在这种情况下，通常采用数值模拟计算的方法求解。数值模拟的实质是将微分方程离散化，把求解偏微分方程的问题变为求解一系列联立的线性代数方程组的问题。目前用于空间电磁场计算较为成熟的数值模拟方法主要是：有限差分法、表面电荷法、多重网格法和有限元法等。本节主要介绍采用有限差分法计算电场。

有限差分法（Finite Difference Method，FDM）是求解微分方程和积分微分方程数值解的方法，基本思想是把连续的定解区域用有限个离散点构成的网格来代替，这些离散点称作网格的节点；把连续定解区域上的连续变量函数用在网格上定义的离散变量函数来近似；把原方程和定解条件中的微商用差商来近似，积分用积分和来近似，于是原微分方程和定解条件就近似地代之以代数方程组，即有限差分方程组，解此方程组就可以得到原问题在离散点上的近似解。然后再利用插值方法便可以从离散解得到定解问题在整个区域上的近似解。有限差分法求解偏微分方程的步骤如下：首先，区域离散化，即把所给偏微分方程的求解区域细分成由有限个格点组成的网格；然后，近似替代，即采用有限差分公式替代每一个格点的导数；最后，逼近求解，这一过程可以看作是用一个插值多项式及其微分来代替偏微分方程的解的过程。

采用有限差分法的网格划分方式、各节点电位和节点间距如图 5-2 所示，把 (r, z) 平面上被求解的区域，用许多平行于 r 轴和 z 轴的直线划分成许多矩形网格，封闭边界尽可能多地处于节点位置上。选取网格上每条线的各个节点，将电场方程中偏导数转换为相邻节点间电位的差值，从而将微分方程转化为电位之间的差分方程，然后用数值方法求解差分方程组，最终得到各离散点的电位。

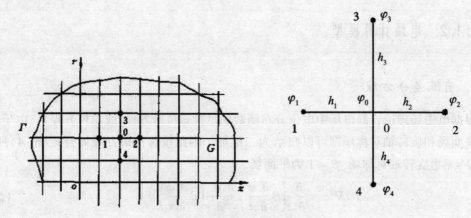

图5-2 矩形网格的划分方法

二维有限差分法求解电场的具体过程如下所示：

直角坐标系下的拉普拉斯方程如公式(5-5)所示。

$$\frac{\partial^2 \varphi}{\partial x^2} + \frac{\partial^2 \varphi}{\partial y^2} + \frac{\partial^2 \varphi}{\partial z^2} = 0 \tag{5-5}$$

图5-2中的点1至点4在0点处的泰勒展开式(忽略高阶项)为：

$$\begin{cases} \varphi_1 = \varphi_0 - h_1 \dfrac{\partial \varphi_0}{\partial x} + \dfrac{h_1^2}{2} \dfrac{\partial^2 \varphi_0}{\partial x^2} \\[3mm] \varphi_2 = \varphi_0 + h_2 \dfrac{\partial \varphi_0}{\partial x} + \dfrac{h_2^2}{2} \dfrac{\partial^2 \varphi_0}{\partial x^2} \\[3mm] \varphi_3 = \varphi_0 + h_3 \dfrac{\partial \varphi_0}{\partial y} + \dfrac{h_3^2}{2} \dfrac{\partial^2 \varphi_0}{\partial y^2} \\[3mm] \varphi_4 = \varphi_0 - h_4 \dfrac{\partial \varphi_0}{\partial y} + \dfrac{h_4^2}{2} \dfrac{\partial^2 \varphi_0}{\partial y^2} \end{cases} \tag{5-6}$$

若采用正方形网格，即 $h_1 = h_2 = h_3 = h_4 = h$，则由公式(5-6)消去一阶导数得：

$$\frac{\partial^2 \varphi_0}{\partial x^2} = \frac{\varphi_1 + \varphi_2 - 2\varphi_0}{h^2}$$

$$\frac{\partial^2 \varphi_0}{\partial y^2} = \frac{\varphi_3 + \varphi_4 - 2\varphi_0}{h^2} \tag{5-7}$$

根据二维拉普拉斯方程可获得电位差分公式：

$$\varphi_0 = \frac{\varphi_1 + \varphi_2 + \varphi_3 + \varphi_4}{4} \tag{5-8}$$

由于0点是任选的，因此上述方程代表了一个线性方程组。

同理，当采用三维正方形网格时，可得所求点电位如公式(5-9)所示，其中 φ_{x+}、φ_{x-}、φ_{y+}、φ_{y-}、φ_{z+}、φ_{z-} 分别为所求点周围三个轴正负向临近点的电位。

$$\varphi_0 = \frac{\varphi_{x+} + \varphi_{x-} + \varphi_{y+} + \varphi_{y-} + \varphi_{z+} + \varphi_{z-}}{6} \tag{5-9}$$

为了采用有限差分法求解偏微分方程，整个计算区域必须是封闭的。在实际的电子光学系统中，常常遇到边界并不是完全封闭的情况，因此需要对敞开边界进行人为的封闭，即通过线性插值法或对数插值法给这些边界赋予一定的数值，通常等管径电极之间采用的是线性插值，不同管径之间采用的是对数插值。两种插值方法描述如下所示：

(1) 当边界为圆形或者圆柱形时，采用的对数插值如公式(5-10)所示，其中 $R_1 \leqslant R \leqslant R_2$。

$$\varphi_R = \varphi_{R_1} + \left(\varphi_{R_2} - \varphi_{R_1}\right)\frac{\ln(R/R_1)}{\ln(R_2/R_1)} \tag{5-10}$$

(2) 采用的线性插值如公式(5-11)所示，其中 $x_1 \leqslant x \leqslant x_2$。

$$\varphi_X = \varphi_1 + \frac{(\varphi_2 - \varphi_1)(x - x_1)}{(x_2 - x_1)} \tag{5-11}$$

2. 有限差分方程的求解

(1) 超松弛高斯—赛德尔迭代。

所需求解的差分方程数目取决于离散化后的网格节点数，为了使数值解有足够的精度，一般步长取得很小，节点数较多(通常在几千个的数量级)。用于直接法求解具有较大的难度，因此一般采用迭代法进行求解。电压矩阵中任一个网格点的电压发生变化都将引起整个矩阵系统的电压变化，因此需进行多次迭代计算，直至相邻两次迭代的误差小于指定误差时才可以认为接近精确值。

同步迭代法——首先给定任意网格区域节点 (i, j, z) 上的数值 $\{\varphi_{i,j,z}^{(0)}\}$ 作为解的零次近似，然后把零次近似值代入式(5-12)进行计算就可以得到一次近似值，即：

$$\varphi_{i,j,z}^{(1)} = \frac{\varphi_{i-,j,z}^{(0)} + \varphi_{i+,j,z}^{(0)} + \varphi_{i,j-,z}^{(0)} + \varphi_{i,j+,z}^{(0)} + \varphi_{i,j,z-}^{(0)} + \varphi_{i,j,z+}^{(0)}}{6} \tag{5-12}$$

获得的每一个点 $\varphi_{i,j,z}^{(1)}$ 值再代入式(5-13)，可得每个点的第二次迭代值：

$$\varphi_{i,j,z}^{(2)} = \frac{\varphi_{i-,j,z}^{(1)} + \varphi_{i+,j,z}^{(1)} + \varphi_{i,j-,z}^{(1)} + \varphi_{i,j+,z}^{(1)} + \varphi_{i,j,z-}^{(1)} + \varphi_{i,j,z+}^{(1)}}{6} \tag{5-13}$$

如此重复多次，以全部网格点计算一遍为迭代一次，当迭代次数 N 趋于无穷大时，电压矩阵接近精确值。

但在实际应用中，由于同步迭代法在用计算机进行计算时至少需要两个同样容量的矩阵来存储数据，不便于储存。因此，可采用异步迭代法(即高斯—赛德尔迭代法)解决该困难。

在同步迭代法的基础上，高斯—赛德尔迭代法在计算第 $N+1$ 次近似值 $\{\varphi_{i,j,z}^{(N+1)}\}$ 时，如果部分临界点的 $N+1$ 次近似值已在前期的迭代中求出，则直接将迭代值代入式(5-14)中代替原有的第 N 次近似值：

$$\varphi_{i,j,z}^{(N+1)} = \frac{\varphi_{i-,j,z}^{(N+1)} + \varphi_{i+,j,z}^{(N)} + \varphi_{i,j-,z}^{(N+1)} + \varphi_{i,j+,z}^{(N)} + \varphi_{i,j,z-}^{(N)} + \varphi_{i,j,z+}^{(N)}}{6} \qquad (5-14)$$

这样，在同样的条件下，异步迭代法所需的迭代次数约是同步迭代法的一半。为了进一步减少迭代次数，在异步迭代法的基础上，使用超松弛迭代法：

$$\varphi_{i,j,z}^{(N+1)} = (1-W)\cdot\varphi_{i,j,z}^{(N)} + W\cdot\frac{\varphi_{i-,j,z}^{(N+1)} + \varphi_{i+,j,z}^{(N)} + \varphi_{i,j-,z}^{(N+1)} + \varphi_{i,j+,z}^{(N)} + \varphi_{i,j,z-}^{(N)} + \varphi_{i,j,z+}^{(N)}}{6}$$

$$(5-15)$$

式中，W 为常数，称为超松弛迭代因子，取值 $1 < W < 2$。实际应用中，超松弛迭代因子 W 可由如下公式获得，其中 N_x、N_y、N_z 分别为网格矩阵三个方向的网格数。

$$W = 2 - \pi\cdot\sqrt{\frac{1}{N_x^2} + \frac{1}{N_y^2} + \frac{1}{N_z^2}} \qquad (5-16)$$

(2)动态电场的计算。

在时间展宽分幅相机系统中，光电阴极和 MCP 均需加载脉冲电压。理论分析时，需考虑电极电压变化时引起电场的重新分布。因此在动态电场过程中，当电子运动到上述电极时，电压每变化一次，就需要计算一次电场。动态电场的计算模型为在保持其他电极条件不变的情况下，改变加脉冲电压电极的电压数值大小，然后采用有限差分法和超松弛高斯迭代法计算此时的电场。

5.1.3 磁场计算模型

求解电磁场问题的数值计算方法，除有限差分法外，还有另外 2 种常用的方法：一种是基于微分方程的有限元法(Finite Element Method，FEM)，另一种是基于积分方程的边界元法(Boundary Element Method，BEM)。

1. 有限元法

从 20 世纪 50 年代开始，有限元法首先在弹性力学上得到应用。计算机的出现和发展为有限元法的应用提供了重要和有效的工具。近 10 多年来，有限元法在弹性力学、结构力学、流体力学和电磁场模拟计算中得到了广泛的应用。有限元法不仅具有广泛的适应性，而且相对于有限差分法，更加适用于物理条件和几何边界条件比较复杂的问题，并便于模拟计算程序的标准化。有限元法是在变分原理的基础上进行离散化，对一些数学物理问题做数值计算。在求解电磁场问题时，它不是直接求解电磁场满足的偏微分方程，而是转化为一个变分问题，即转化成求解场的"能量"取极值(泛函求极值)的问题，最后归结为求解线性代数方程组的问题。通常应用有限元法的步骤为：首先，提出与待求边值问题相应的泛函及其变分问题；然后，剖分场域并选取相应的插值函数；接着，把变分问题离散化为多元函数的极值问题，并导出一组联立的代数方程(有限元方程)；最后，选择适当的代数解法求解有限元方程，即计算出待求边值问题的数值解。在电子光学中遇到的磁场，大多数是旋转对称的静磁场。这种磁场可以由单纯的电流线圈产生，也可以由永久磁铁或者由电流线圈所激励的磁场产生。对于不同的磁场，计算方法各不相同，本节介绍最常用的由电流线圈激励产生的磁场的计算方法。从数学物理的观点来看磁场求解，就是求解偏微分方程的边值问题。按照具体问题的不同情况，可以求解磁标位的方程或者求解磁矢位的方程。磁标位的计算仅适用于计算区域中没有传导电流，因此磁标位的概念具有局限性。在有激励电流存在的情况下，更普遍的是采用磁矢位的概念。

在稳恒磁场中，由于麦克斯韦方程组中磁感应强度 $\vec{B}$ 具有无散性（即 $\nabla \cdot \vec{B} = 0$），因此磁矢位 $\vec{A}$ 和 $\vec{B}$ 的关系可定义为下式所示：

$$\vec{B} = \nabla \times \vec{A} \tag{5-17}$$

通过磁场强度 $\vec{H}$ 的方程 $\nabla \times \vec{H} = \vec{J}$ 和 $\vec{B} = \mu \vec{H}$，可以获得磁矢位 $\vec{A}$ 所满足的普遍偏微分方程如下式所示，其中 $\vec{J}$ 是传导电流密度，μ 是磁导率。在一定的边界条件下求解该偏微分方程，就可以得到磁矢位 $\vec{A}$ 的分布，并从而计算出磁感应强度 $\vec{B}$ 的分布。

$$\nabla \times (1/\mu \, \nabla \times \vec{A}) = \vec{J} \tag{5-18}$$

采用有限元法求解磁矢位方程时，同公式（5-18）偏微分方程等价的问题的泛函可定义为：

$$F = \iiint\limits_{(\Omega)} \left\{ \frac{1}{2\mu} (\nabla \times \vec{A}) \cdot (\nabla \times \vec{A}) - \vec{J} \cdot \vec{A} \right\} dv \tag{5-19}$$

在旋转的轴对称系统中，由于矢位 $\vec{A}$ 和电流密度 $\vec{J}$ 都只有方位角方向的分量 A_θ 和 J_θ，因此在圆柱坐标系中，泛函 F 如公式（5-20）所示，其中边界条件为：在轴上 $A_\theta = 0$，且在足够远的边界上 $A_\theta = 0$。

$$F = \iint\limits_{(r)} \frac{1}{2\mu} \left[\left(\frac{\partial A_\theta}{\partial z} \right)^2 + \left(\frac{\partial A_\theta}{\partial r} + \frac{A_\theta}{r} \right)^2 \right] - J_\theta \cdot A_\theta \} 2\pi r dz dr \tag{5-20}$$

（1）有限元方程。

采用有限元求解场，首先需要进行场域的离散化处理。为此，将区域 Ω 划分成若干网格。网格的节点作为计算函数的离散点。与有限差分法不同，有限元法网格的划分有较大的灵活性（为方便计算，通常采用正方形网格，步长设为 h）。若用网格将一个子午面上 Ω 的截面划分成 N 个子区域，即 N 个离散的有限元。设每个离散元对总函数的贡献量为 $\Delta F(\varphi)$，则：

$$F(\varphi) = \sum (\Delta F(\varphi)) \tag{5-21}$$

其中 $\Delta F(\varphi)$ 为离散元上 $F(\varphi)$ 的值，由公式（5-22）得：

$$\Delta F(\varphi) = \iint\limits_{(r)} \frac{1}{2\mu} \left[\left(\frac{\partial A_\theta}{\partial z} \right)^2 + \left(\frac{\partial A_\theta}{\partial r} + \frac{A_\theta}{r} \right)^2 \right] - J_\theta \cdot A_\theta \} 2\pi r dz dr \tag{5-22}$$

上述两式中 $\varphi = r A_\theta$。

为求得公式(5-22)的积分，设有限元的形状为最简单的三角形，如图5-3所示。

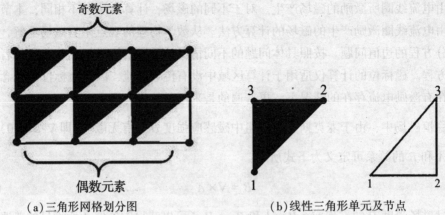

奇数元素

偶数元素

(a)三角形网格划分图　　　　　　　(b)线性三角形单元及节点

图5-3　采用三角形的有限元形状

A_θ 在离散元上是线性变化的[222]，其表达式如公式(5-23)和公式(5-24)所示。

$$A_\theta(r, z) = a + bz + cr = \sum_{i=1}^{3} N_i(r, z) A_{\theta i} \tag{5-23}$$

$$N_i(r, z) = \frac{1}{2\Delta_i}(a_i + b_i z + c_i r), \quad i = 1, 2, 3 \tag{5-24}$$

上式中的 Δ_i 为第 i 个三角形的面积，并且满足以下条件，其中 $r_{i,j,k}$ 和 $z_{i,j,k}$ 分别为第 i 个三角形的各顶点坐标。

$$N_i(r, z) = \sigma_{ij} \begin{cases} 1, & i = j \\ 0, & i \neq j \end{cases} \text{ 和 } \begin{cases} a_i = z_j r_k - r_j z_k, \\ b_i = r_j - r_k, \quad i \neq j \neq k \in (1, 2, 3) \\ c_i = z_j - z_k \end{cases}$$

将 A_θ 代入公式(5-22)中进行积分运算，求解获得该有限元单元上的泛函如公式(5-25)所示，其中 $d_i = c_i + \frac{2\Delta}{3r_0}$ 和 $r_0 = \frac{r_1 + r_2 + r_3}{3}$。通过对该泛函进行偏微商求解，其结果如公式(5-26)所示，其中 F_{ij}^e 和 G_i 满足公式(5-27)的关系式。在求解完 M 个有限元单元的泛函偏微商后，将所有单元组合起来，再对 F 应用公式(5-28)的驻点条件，将其扩展为一个单元矩阵，并将所有单元组合成统一的矩阵形式，得到方程组 $FA_\theta = G$，最后通过对方程组求解，就可以获得各网格点磁矢位 A_θ 的值。

$$\Delta F = \frac{\pi r_0}{4\mu\Delta} \left\{ \left(\sum_{i=1}^{3} b_i A_{\theta i} \right)^2 + \left(\sum_{i=1}^{3} d_i A_{\theta i} \right)^2 \right\} - J_\theta \cdot \frac{2\pi r_0}{3} \cdot \sum_{i=1}^{3} A_{\theta i} \tag{5-25}$$

$$\left(\frac{\partial \Delta F^e}{\partial A_{\theta i}} \right) = \sum_{j=1}^{3} F_{ij}^e A_{\theta j} - G_i \tag{5-26}$$

$$\begin{cases} F_{ij}^e = \frac{r_0}{4\mu\Delta}(b_i b_j + d_i d_j) \\ G_i = J_\theta \cdot \frac{2\pi r_0}{3} \cdot \Delta \end{cases} \tag{5-27}$$

$$\{\frac{\partial F}{\partial A_\theta}\} = \sum_{e=1}^{M} \{\frac{\partial F^e}{\partial A_{\theta j}}\} = 0 \tag{5-28}$$

（2）有限元方程的求解。

在获得有限元方程后，可以选择各种代数法求解。应该指出，对于条件变分这种问题，由于强加边界条件意味着位于边界上的各节点值是给定的，无须通过有限元方程求解；相反，正是由这些给定的边界点值去推求其余各节点值。因此，在解有限元方程前，必须进行强加边界条件处理，而具体处理方程将因解法而异。有限元的方程组与有限差分法的代数方程组具有相似之处，就是其系数矩阵也是稀疏的。非零元素分布在对角线附近的一个带上。由于有限元方程的特殊性，这一矩阵总是对称。因而，实际上需要存储的元素是以上分布带的一半，例如对角线右上方的一半。但是，由于有限元的形状一般不规整，方程系数没有简单的规律性，所以一般不用迭代法，而用直接法求解。目前世界上流行最广泛解有限元方程组，是利用高斯消去法。

（3）磁感应强度。

通过计算获得每个网格点 A_θ 的值后，利用方程 $\vec{B} = \nabla \times \vec{A}$ 可求解出磁感应强度的值。在旋转轴对称系统中，此方程可以写成如下的分量形式，其中所获得的磁感应强度分量是第 i 个三角形的平均量，若想求得网格点上的磁感应强度分量值，还需做进一步操作。

$$\begin{cases} B_{zi} = \dfrac{\partial A_\theta}{\partial r} + \dfrac{A_\theta}{r} = \dfrac{1}{2\Delta_i}(\sum_{j=1}^{3} c_j A_{\theta j} + \dfrac{1}{3r_0}\sum_{j=1}^{3} A_{\theta j}) \\ B_{ri} = -\dfrac{\partial A_\theta}{\partial z} = -\dfrac{1}{2\Delta_i}\sum_{j=1}^{3} b_j A_{\theta j} \end{cases} \tag{5-29}$$

由于同一个网格点（例如图 5-3 中第二行第二个点）可能是周围多个三角形中的一个顶点，每个三角形单元的磁感应强度均值都会对此网格点产生贡献。因此，只需其所涉及的三角形单元磁感应强度之和求平均即可得该网格点磁感应强度（各分量计算方法一样），具体方法如公式（5-30）所示，其中 (m, n) 对应第 m 行第 n 列的网格点。

$$\begin{cases} B_{z(m, n)} = \dfrac{\sum_{i=1}^{N} B_{zi}}{N} \\ B_{r(m, n)} = \dfrac{\sum_{i=1}^{N} B_{ri}}{N} \end{cases} \tag{5-30}$$

2. 边界元法

边界元法是将待求解区域的边界划分成若干个单元（其中二维区域的边界为曲线，单元是一系列的直线段；三维区域的边界为曲面，单元是一系列的三角形或四边形平面），待求的未知数位于单元的结点上。对整个待求解区域边界的积分，可以划分为各单元的积分之和，最后形成包括各节点未知数的线性代数方程组，通过求解代数方程组，可获得节点上的未知数。该方法的优点是"降维"，即二维问题只需要在边界曲线上积分成一维问题，三维问题则在边界曲面上积分成二维问题。由于只在边界上积分，因此，边界元法的求解计算量相对有限差分法和有限元法要小得多，并获得了广泛的应用。边界元法求解磁场的方式有 2 种：一是，采用标量磁位的二维拉普拉斯(Laplace)方程；二是，采用矢量磁位的泊松方程(poisson equation)。2 种方式的基本原理如下所述。

（1）标量磁位的拉普拉斯方程。

假设 μ 为磁场的位函数，n 为边界外法线方向，Ω 是边界 Γ 的求解域，Γ_1 为第一类边界条件，$\bar{\mu}$ 为已知第一类边界值；Γ_2 为第二类边界条件，$\bar{q}$ 为已知第二类边界值；$\Gamma = \Gamma_1 + \Gamma_2$。标量磁位的拉普拉斯方程如公式(5-31)所示。

$$\begin{cases} \nabla^2 \mu = 0 & \text{在 } \Omega \text{ 区域内} \\ \mu = \bar{\mu} & \text{在边界 } \Gamma_1 \text{ 上} \\ q = \dfrac{\partial \mu}{\partial n} = \bar{q} & \text{在边界 } \Gamma_2 \text{ 上} \end{cases} \tag{5-31}$$

第一步，建立边界积分方程。根据公式(5-31)，建立的边界积分方程如公式(5-32)所示，其中 μ_i 为边界上点 i 的位函数值，$F = \dfrac{1}{2\pi} \ln(\dfrac{1}{r})$ 为 Laplace 方程的基本解，r 为 i 点到动点 j 之间的距离如图 5-4 所示。

$$c_i \mu_i = \int_\Gamma F \frac{\partial \mu}{\partial n} \mathrm{d}\Gamma - \int_\Gamma \mu \frac{\partial F}{\partial n} \mathrm{d}\Gamma \tag{5-32}$$

其中 $c_i = \begin{cases} 1 & i \text{ 在 } \Omega \text{ 域内} \\ \dfrac{1}{2} & i \text{ 在光滑的边界 } \Gamma \text{ 上} \\ 0 & i \text{ 在 } \Omega \text{ 域外} \end{cases}$

当 $c_i = \dfrac{1}{2}$ 时，光滑边界的边界积分方程如公式(5-33)所示。

$$\frac{1}{2}\mu_i = \int_\Gamma F \frac{\partial \mu}{\partial n} \mathrm{d}\Gamma - \int_\Gamma \mu \frac{\partial F}{\partial n} \mathrm{d}\Gamma \tag{5-33}$$

第二步，离散化和求解。

应用于离散化的二维恒值边界单元如图 5-4 所示，假设每个单元的 μ 和 $\partial \mu / \partial n$（即 q）为常数，且等于该单元中点处的值。在此，将该边界线划分为成 N 个直线段，其中 N_1 个属于第一类边界 Γ_1，N_2 个属于第二类边界 Γ_2，且 $N = N_1 + N_2$。对公式(5-33)中的 i 进行离散化的结果如公式(5-34)所示，其中 $F_{ij} = \dfrac{1}{2\pi} \ln(\dfrac{1}{r_{ij}})$ 中的 r_{ij} 为边界点 i 点到边界点 j 之间的距离。

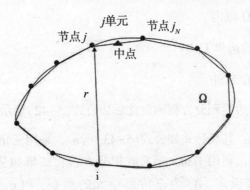

图 5-4　二维恒值边界单元

$$\frac{1}{2}\mu_i = \sum_{j=1}^{N} q_j \int_{\Gamma_j} F_{ij} \mathrm{d}\Gamma - \sum_{j}^{N} \mu_j \int_{\Gamma_j} \frac{\partial F_{ij}}{\partial n} \mathrm{d}\Gamma \tag{5-34}$$

如果假设：

$$\bar{H}_{ij} = \int_{\Gamma_j} \frac{\partial F_{ij}}{\partial n} \mathrm{d}\Gamma \tag{5-35}$$

$$H_{ij} = \begin{cases} \bar{H}_{ij} & i \neq j \\ \bar{H}_{ij} + \dfrac{1}{2} & i = j \end{cases} \tag{5-36}$$

$$G_{ij} = \int_{\Gamma_j} F_{ij} \mathrm{d}\Gamma \tag{5-37}$$

那么公式(5-35)的矩阵方程如公式(5-38)至公式(5-39)所示。

$$\sum_{j}^{N} H_{ij}\mu_j = \sum_{j=1}^{N} G_{ij}q_j \tag{5-38}$$

$$HU = GQ \tag{5-39}$$

　　将拉普拉斯方程的基本解 F_{ij} 代入边界矩阵方程，可计算出矩阵 H 和 G，然后通过场的位函数 μ 及其法向倒数 q 的初值，求解矩阵方程即可获得边界上的 μ 和 q。最后通过边界上的已知 μ 和 q，当 $c_i = 1$ 时，采用公式(5-34)可计算出区域内每个点的 μ_i 和 q_i，此时的 r_{ij} 为区域内 i 点到边界点 j 之间的距离。

　　(2) 矢量磁位的泊松方程。

　　矢量磁位的二维泊松方程如公式(5-40)所示，其中 μ 为磁场的位函数，f 为载荷函数。与该方程相对应的边界积分方程如公式(5-41)所示。

$$\Delta\mu = f \quad \text{在 } \Omega \text{ 区域内} \tag{5-40}$$

$$c_i\mu_i = \int_{\Gamma} F \frac{\partial \mu}{\partial n} \mathrm{d}\Gamma - \int_{\Gamma} \mu \frac{\partial F}{\partial n} \mathrm{d}\Gamma - \int_{\Omega} fF \mathrm{d}\Omega \tag{5-41}$$

其中 $c_i = \begin{cases} 1 & i\text{ 在 }\Omega\text{ 域内} \\ \dfrac{1}{2} & i\text{ 在光滑的边界 }\Gamma\text{ 上} \\ 0 & i\text{ 在 }\Omega\text{ 域外} \end{cases}$

假设 $B_i = \int_\Omega fF\mathrm{d}\Omega$，边界积分方程离散化后如公式(5-42)所示。当求解 B_i 时，需要将区域 Ω 分解成 M 个单元，其表达式如公式(5-43)所示，采用三角形单元求解的示意图和局部坐标如图5-5所示。利用 Hammer 求解积分方程，结果如公式(5-44)所示，其中 $|J| = 2\Delta_k$ 为雅克比变换式，Δ_k 为三角形单元的面积，$P(\eta_1,\ \eta_2,\ \eta_3) = f(\eta_1,\ \eta_2,\ \eta_3)F(\eta_1,\ \eta_2,\ \eta_3)$。根据上述求解结果，$B_i$ 的结果如公式(5-45)所示，其中 W_p 为 Hammer 积分公式的权因子，$\eta_1,\ \eta_2,\ \eta_3$ 为积分点。根据 B_i 的值，求解域内的点位值如公式(5-46)所示。

$$B_i + \sum_j^N H_{ij}\mu_j = \sum_{j=1}^N G_{ij}q_j \tag{5-42}$$

$$B_i = \sum_k^M \int_{\Omega_k} fF\mathrm{d}\Omega \tag{5-43}$$

$$\int_{\Omega_k} fF\mathrm{d}\Omega = \int_0^1 \int_0^{1-\eta_2} P(\eta_1,\ \eta_2,\ \eta_3)\mathrm{d}\eta_1\mathrm{d}\eta_2 |J| \tag{5-44}$$

$$B_i = \sum_{k=1}^M \left[\sum W_p P(\eta_1,\ \eta_2,\ \eta_3) \right]\Delta_k \tag{5-45}$$

$$\mu_i = \sum_{j=1}^N (G_{ij}q_j - H_{ij}\mu_j) - B_i \tag{5-46}$$

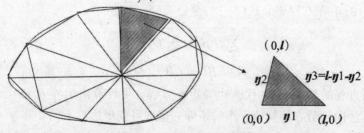

图5-5 三角形单元法示意图

5.1.4 空间电荷效应

空间电荷效应(Space Charge Effect-SCE)是一种普遍存在于真空电子器件中的物理现象，是对电子脉冲内部带电粒子与外部电磁场之间相互作用的复杂物理过程的统称。空间电荷效应的物理本质是处于外加电磁场中的电子脉冲(即带电粒子群体)，由于其初始状态具有一定的轴向和径向分布(即速度和空间分布)，因此，电子脉冲内部的带电粒子在运动中所产生的电磁场会对外加电磁场的空间分布产生影响，而这个被影响的外加电磁场反过来又会同时影响内部带电粒子的状态。常见的现象就是内部带电粒子之间的库仑力影响电子的运动速率和方向，最终导致电子脉冲在轴向和径向上被展宽（即时空弥散）。

在真空系统中，电子在运动时，主要受到与其他电子相互作用和电极外加电场产生的空间电荷电场的作用，电极的外加电场计算如5.1.2节所述。电子受到的空间电荷电场主要表现为库伦力（Coulombian Force），可通过电场叠加原理获得，计算方法如公式（5-47）所示，其中 $K = 8.987 \times 10^9 N \cdot m^2 \cdot C^{-2}$ 为库仑常数，$e = 1.6 \times 10^{-19}C$ 为电子电荷量。在 t 时刻，第 i 个电子受到的库仑力作用大小，等于该电子与其他每一个电子的电场力之和。

$$\vec{F}_i(t) = K \cdot e^2 \cdot \sum_{i \neq j} \frac{\vec{r}_i(t) - \vec{r}_j(t)}{|\vec{r}_i(t) - \vec{r}_j(t)|^3} \tag{5-47}$$

5.1.5　电子运动轨迹的计算

在电场中，电子的运动方程如公式（5-48）和公式（5-49）所示，求解该方程组采用的主要方法有预估-校正法、纽莫洛夫（Numerov）方法和龙格-库塔法（Runge-kutta method，RKM）等，而通常电子运动轨迹求解方法是采用四阶 RKM。RKM 是求解常微分方程最普偏的数值方法之一，该方法的求解原理如图5-6所示，对于任意的一阶常微分方程 $y' = f(x, y)$，及已知初值 x_0 和 y_0，四阶 RKM 求解法如公式（5-50）所示，其中求解步长 $h = t_{n+1} - t_n$。利用递推关系可以由已知 y_0 推导出未知 y_1，再通过 y_1 推导出 y_2，逐步地推导出 y_{n+1}。

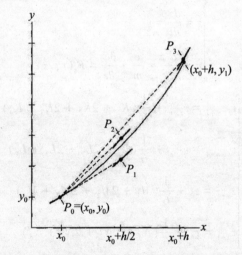

图5-6　四阶龙格-库塔算法的求解原理示意图

$$\frac{d^2z}{dt^2} = \eta \frac{\partial \varphi}{\partial z} = f[z(t), r(t)] \tag{5-48}$$

$$\frac{d^2r}{dt^2} = \eta \frac{\partial \varphi}{\partial r} = g[z(t), r(t)] \tag{5-49}$$

$$
\begin{cases}
y_{n+1} = y_n + \dfrac{1}{6}(m_1 + 2m_2 + 2m_3 + m_4) \\[2mm]
m_1 = hf(x_n,\ y_n) \\[2mm]
m_2 = hf\left(x_n + \dfrac{h}{2},\ y_n + \dfrac{1}{2}m_1\right) \\[2mm]
m_3 = hf\left(x_n + \dfrac{h}{2},\ y_n + \dfrac{1}{2}m_2\right) \\[2mm]
m_4 = hf(x_n + h,\ y_n + m_3)
\end{cases} \tag{5-50}
$$

对于电子的运动方程，通过降阶后，可分解为 4 个一阶微分方程，具体形式如公式（5 -51）所示。在已知初值 $t = t_0$ 时的电子速度 v_{r0} 和 v_{z0}，及其位置 r_0 和 z_0 条件下，根据二阶常微分方程的四阶 RKM 方法，可获得公式（5-52）至公式（5-56）所示的方程组，根据所已知的速度和位置初值 v_{r0}、v_{z0}、r_0 和 z_0，首先可求解出 K_1、L_1、M_1 和 N_1；然后，再求解出 K_2、L_2、M_2、N_2、$\cdots$，并利用这些参数求计算出下一步的速度和位置 v_{r1}、v_{z1}、r_1 和 z_1；最后，以 v_{r1}、v_{z1}、r_1、z_1 为初值推导出 v_{r2}、v_{z2}、r_2 和 z_2，以此类推，直至计算出电子在系统中的整条运动轨迹。

$$
\begin{cases}
\dot{r} = \dfrac{dr}{dt} = v_r \\[2mm]
\dot{v}_r = \dfrac{d^2 r}{dt^2} = \dfrac{e}{m} \cdot \dfrac{\partial \varphi}{\partial r} = F_r(r,\ z) \\[2mm]
\dot{z} = \dfrac{dz}{dt} = v_z \\[2mm]
\dot{v}_z = \dfrac{d^2 z}{dt^2} = \dfrac{e}{m} \cdot \dfrac{\partial \varphi}{\partial z} = F_z(r,\ z)
\end{cases} \tag{5-51}
$$

$$
\begin{cases}
v_{z,\ n+1} = v_{z,\ n} + \dfrac{1}{6}(K_1 + 2K_2 + 2K_3 + K_4) \\[2mm]
v_{r,\ n+1} = v_{r,\ n} + \dfrac{1}{6}(L_1 + 2L_2 + 2L_3 + L_4) \\[2mm]
z_{n+1} = z_n + \dfrac{1}{6}(M_1 + 2M_2 + 2M_3 + M_4) \\[2mm]
r_{n+1} = r_n + \dfrac{1}{6}(N_1 + 2N_2 + 2N_3 + N_4)
\end{cases} \tag{5-52}
$$

$$
\begin{cases}
K_1 = hF_z(r_n,\ z_n) \\[2mm]
K_2 = hF_z\left(r_n + \dfrac{N_1}{2},\ z_n + \dfrac{M_1}{2}\right) \\[2mm]
K_3 = hF_z\left(r_n + \dfrac{N_2}{2},\ z_n + \dfrac{M_2}{2}\right) \\[2mm]
K_4 = hF_z(r_n + N_3,\ z_n + M_3)
\end{cases} \tag{5-53}
$$

$$\begin{cases} L_1 = hF_r(r_n, \ z_n) \\[2mm] L_2 = hF_r(r_n + \dfrac{N_1}{2}, \ z_n + \dfrac{M_1}{2}) \\[2mm] L_3 = hF_r(r_n + \dfrac{N_2}{2}, \ z_n + \dfrac{M_2}{2}) \\[2mm] L_4 = hF_r(r_n + N_3, \ z_n + M_3) \end{cases} \tag{5-54}$$

$$\begin{cases} M_1 = hv_{z, \ n} \\[2mm] M_2 = h(v_{z, \ n} + \dfrac{K_1}{2}) \\[2mm] M_3 = h(v_{z, \ n} + \dfrac{K_2}{2}) \\[2mm] M_4 = h(v_{z, \ n} + K_3) \end{cases} \tag{5-55}$$

$$\begin{cases} N_1 = hv_{r, \ n} \\[2mm] N_2 = h(v_{r, \ n} + \dfrac{L_1}{2}) \\[2mm] N_3 = h(v_{r, \ n} + \dfrac{L_2}{2}) \\[2mm] N_4 = h(v_{r, \ n} + L_3) \end{cases} \tag{5-56}$$

在上述公式中，K_1/h、K_2/h、K_3/h、K_4/h 及 L_1/h、L_2/h、L_3/h、L_4/h 均为加速度。在电磁场中，加速度 a 与电场强度 E 的关系，加速度 a 与磁感应强度 B 的关系，电场强度 E 与电位 φ 的关系如公式(5-57)和公式(5-58)所示。

$$\begin{cases} \vec{a} = \dfrac{e}{m}(\vec{E} + \vec{v} \times \vec{B}) \\[2mm] a_{Bx} = \dfrac{e}{m}(v_y B_z - v_z B_y) \\[2mm] a_{By} = \dfrac{e}{m}(v_z B_x - v_x B_z) \\[2mm] a_{Bz} = \dfrac{e}{m}(v_x B_y - v_y B_x) \end{cases} \tag{5-57}$$

$$\vec{E} = \frac{\partial \varphi}{\partial x}\vec{i} + \frac{\partial \varphi}{\partial y}\vec{j} + \frac{\partial \varphi}{\partial z}\vec{k} \tag{5-58}$$

理论上，电子在落点处的加速度是其在该位置的电位梯度和磁感应强度各个方向的分量。磁感应强度求解方法可参考 5.1.3 节的方法，而电位梯度的方法则可以采用最常用的数值处理软件 Matlab 实现，直接由电位求其电位梯度的命令如公式(5-59)所示，其中 FieldZ，FieldX，FieldY 为坐标方向的电场强度分量，GridStepX，GridStepY，GridStepZ 分别为坐标方向的网格步长。

$$[\text{FieldZ, FieldX, FieldY}] = \text{gradient}(\text{Vol, GridStepZ, GridStepX, GridStepY}) \quad (5-59)$$

由于电子的落点不一定在设置的电磁场网格点上，因此需要采用拉格朗日插值法（Lagrange Interpolation Method，LIM）求解网格点外电子落点位置的电位，电场强度以及磁感应强度。对于某个多项式函数，已知有给定的 $k+1$ 个取值点：(x_0, y_0)，(x_1, y_1)，…，(x_k, y_k)，其中 x_j 对应着自变量的位置，而 y_j 对应着函数在这个位置的取值。假设 $i \neq j$ 时，$x_i \neq x_j$，则应用 LIM 公式所得到的 LIM 多项式如公式（5-60）所示，每个 $l_j(x)$ 为 LIM 基函数，其表达式如公式（5-61）所示，$l_j(x)$ 的特点是在 x_j 上取值为 1，在其他点 x_i（$i \neq j$ 时）上取值为 0。

$$L(x) = \sum_{j=0}^{k} y_j l_j(x) \quad (5-60)$$

$$l_j(x) = \prod_{i=0,\ i \neq j}^{k} \frac{x - x_i}{x_j - x_i} = \frac{(x - x_0)(x - x_{j-1})(x - x_{j+1})\dots\ (x - x_k)}{(x_j - x_0)(x_j - x_{j-1})(x_j - x_{j+1})\dots\ (x_j - x_k)} \quad (5-61)$$

由于 LIM 方法存在着"龙格"现象，即当所取插值节点越多，LIM 多项式的次数可能会很高，具有数值不稳定的缺点，因此为了降低由于"龙格"现象引起的电子运动轨迹计算误差，可以令线性插值等于相邻两点拉格朗日插值，这样就可以在网格步长减小的情况下保证插值精度，缩短计算时间。所以，在对电子轨迹落点进行两点拉格朗日插值计算时，首先，求解网格点上的电场强度和磁感应强度；然后利用两点拉格朗日插值求得电子落点处由于电极上所加电压而产生的电场强度 E_1 以及磁感应强度 B_1；最后，求解电子落点处的电场强度为 E_1 与空间电荷效应在该点产生的电场强度之和。

5.2 时间展宽分幅相机时间分辨性能

根据时间展宽分幅相机的系统结构和工作原理，相机时间分辨性能由技术时间分辨率和物理时间分辨率 2 部分组成。技术时间分辨率通过电子束时间展宽技术获得，物理时间分辨率是指电子初能分布和空间电荷效应等物理因素引起的渡越时间弥散。系统时间分辨率 T_{temp} 与其物理时间分辨率 T_{phy} 和技术时间分辨率 T_{tec} 的内在联系如公式（5-62）所示。

$$T_{temp} = \sqrt{T_{phy}^2 + T_{tec}^2} \quad (5-62)$$

5.2.1 技术时间分辨率

在时间展宽分幅相机系统中，采用电子束时间展宽技术获得的技术时间分辨率 T_{tec} 如公式（5-63）所示，其中 T_{mcp} 为 MCP 行波选通分幅变像管的时间分辨率，M 为电子束展宽倍率。MCP 分幅变像管参数和选通脉冲参数不变的情况下，通常不考虑 T_{mcp} 变化的情况，因此提高电子束展宽倍率 M，就可以提升技术时间分辨率 T_{tec}。

$$T_{tec} = T_{mcp}/M \quad (5-63)$$

1. 电子束时间展宽原理

假设阴极产生的光电子束初始时间和能量分布满足高斯分布如图5-7(a)所示，两种分布的半高宽分别为Δt_{pw} ps和δ eV，在时序上，t_1时刻产生的A电子先于t_2时刻的B电子。当阴栅间加载$-\Phi$ V的电压和斜率为α V/ps的上升斜坡脉冲时，光电子束能量分布变化如图5-7(b)所示，分布半高宽由δ eV增加到ΔE eV，此时电子A和电子B的加速能量E'_A和E'_B分别如公式(5-64)和公式(5-65)所示。假设漂移过程中的光电子束无能量弥散，那么在漂移区末端，光电子束的时间分布变化如图5-7(c)所示，其半高宽为如公式(5-66)所示，即ΔT_{dm}是光电子B和A在系统中运动的时间差。

$$E'_A = \Phi + \delta \tag{5-64}$$

$$E'_B = E'_A - \alpha \times \Delta t_{pw} \tag{5-65}$$

$$\Delta T_{dm} = t_B - t_A \tag{5-66}$$

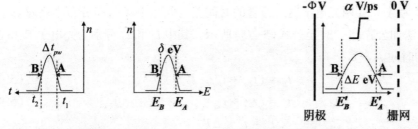

(a)电子束初始能量和时间分布   (b)加载负直流高压和斜坡脉冲后的电子能量分布

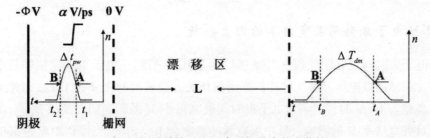

(c)通过漂移传输后电子束时间分布的变化情况

图5-7 电子束时间展宽原理示意图

2. 光电子通过阴栅加速带的时间

光电子在加速带中由初速度为0加速到一定速度，在加速带中A光电子和B光电子的运动时间t_{Ap}和t_{Bp}的计算方法如公式(5-67)、公式(5-68)所示，其中d为阴栅间距，m为电子质量。

$$t_{Ap} = \sqrt{\frac{2md^2}{E'_A}} \tag{5-67}$$

$$t_{Bp} = \sqrt{\frac{2md^2}{E'_B}} + \Delta t_{pw} \tag{5-68}$$

3. 光电子在漂移区中的传输时间

A 光电子和 B 光电子的漂移速度 v_A 和 v_B ，漂移时间 t_{Ad} 和 t_{Bd} 的计算方法如公式(5-69)至公式(5-72)所示，其中 E'_A 和 E'_B 分别为 A 光电子和 B 光电子的加速能量，L 为光电子的传输距离。

$$v_A = \sqrt{\frac{2E'_A}{m}} \tag{5-69}$$

$$v_B = \sqrt{\frac{2E'_B}{m}} \tag{5-70}$$

$$t_{Ad} = L/v_A \tag{5-71}$$

$$t_{Bd} = L/v_B \tag{5-72}$$

通过对光电子在阴栅加速带和漂移区中的运动时间计算，时间展宽分幅相机的电子束时间展宽倍率 M 为 A 和 B 两光电子通过像管的时间差与初始电子时间分布半高宽 Δt_{pw} 的比值，其计算方法如公式(5-73)至公式(5-75)所示，其中 t_B 和 t_A 分别为光电子 B 和光电子 A 通过像管的时间。

$$t_B = (t_{Bp} + t_{Bd}) \tag{5-73}$$

$$t_A = (t_{Ap} + t_{Ad}) \tag{5-74}$$

$$M = \frac{t_B - t_A}{\Delta t_{pw}} = \frac{\Delta T_{dm}}{\Delta t_{pw}} \tag{5-75}$$

4. 影响电子束时间展宽倍率的因素分析

根据电子束时间展宽原理和公式(5-64)至公式(5-75)，电子束展宽倍率与系统的漂移区距离、阴极加载电压和展宽脉冲斜率密切相关，当阴栅间距 d 为 1 mm 和光电子束时间分布半高宽为 10 ps 时，三者对电子束时间展宽倍率 M 的影响如图 5-8 所示。图(a)为漂移距离对展宽倍率 M 的影响，其中展宽脉冲斜率为 10 V/ps，当漂移距离为 500 mm 时，阴极电压为-2 kV 和-5 kV 下的 M 分别为~ 50.3 倍和~ 13.2 倍；而将漂移距离增加到1000 mm 时，两阴极电压下的 M 分别提高至~98.8 倍和~25.3 倍。图(b)为展宽脉冲斜率对展宽倍率 M 的影响，其中漂移距离为 500 mm，当展宽脉冲斜率为 3 V/ps 时，阴极电压为-2 kV 和-5 kV 下的 M 分别为~ 15.5 倍和~ 4.7 倍，明显小于展宽脉冲斜率为 10 V/ps 时的 M。理论分析结果显示：增加漂移距离，可以延长电子束的漂移时间，在相同展宽脉冲斜率下，能提高电子束的展宽倍率；提高展宽脉冲斜率，可以增加电子之间的漂移能量差，在相同漂移时间内可获得更大的电子束展宽倍率；而提高阴极电压，在提高电子束漂移速率的同时，缩短了电子束的漂移时间，因此使电子束展宽倍率减小。

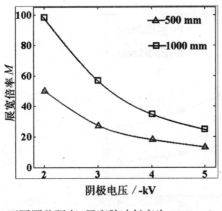 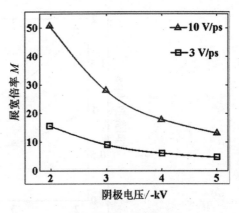

（a）不同漂移距离（展宽脉冲斜率为 10 V/ps）　　（b）不同展宽脉冲斜率（漂移距离为 500 mm）

图 5-8　漂移距离、阴极电压和展宽脉冲斜率对电子束时间展宽倍率 M 的影响

5.2.2　物理时间分辨率

时间展宽分幅变像管中光电子脉冲经历的产生、加速和漂移等过程，也是其物理时间弥散产生的过程。在仅考虑电子初能分布和空间电荷效应的影响下，时间展宽分幅变像管的物理时间分辨率 T_{phy} 计算方法如公式（5-76）和公式（5-77）所示，其中 ΔT_{dsp} 为漂移区中空间电荷效应引起的渡越时间弥散、ΔT_{pca} 为阴栅间渡越时间弥散、ΔT_e 和 ΔT_{asp} 分别为阴栅间电子初能分布和空间电荷效应引起的渡越时间弥散。

$$T_{phy} = \sqrt{\Delta T_{pca}^2 + \Delta T_{dsp}^2} \tag{5-76}$$

$$\Delta T_{pca} = \sqrt{\Delta T_e^2 + \Delta T_{asp}^2} \tag{5-77}$$

1. 阴栅间电子初能分布引起的渡越时间弥散

假设阴极电压为 $-\Phi_0$ kV，栅网电压为 0 V，阴栅间距为 d mm，光电子初能分布半高宽为 δ eV。采用文献 [230，231] 提出的经验值法，阴栅间电子初能分布引起的渡越时间弥散 ΔT_e（单位：ps）如公式（5-78）和公式（5-79）所示，其中 E 为阴栅间加速电场（kV/mm）。根据经验值法，阴极电压和阴栅间距对光电子初能分布引起的渡越时间弥散 ΔT_e 的影响如图 5-9 所示。当电子初能分布半高宽为 0.5 eV、阴栅间距为 1 mm 和阴极电压为 -2 kV 时，ΔT_e 为 0.93 ps，此时将阴极电压提高至 -5 kV，ΔT_e 减小至 0.37 ps；当阴栅间距为 2 mm，两个电压下的 ΔT_e 分别 1.86 ps 和 0.74 ps。理论分析显示：提高阴极电压和减小阴栅间距，可提高阴栅间的加速电场，因此能有效减小阴栅间电子初能分布引起的渡越时间弥散 ΔT_e。

$$\Delta T_e = 2.63\sqrt{\delta}/E \tag{5-78}$$

$$E = |\Phi_0|/d \tag{5-79}$$

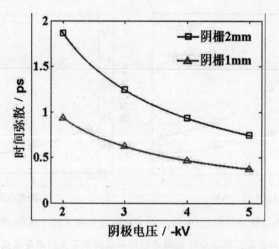

图 5-9　阴栅间电子初能分布引起的渡越时间弥散

2. 空间电荷效应引起的渡越时间弥散

空间电荷效应是超快诊断技术中影响时间分辨性能的主要因素之一，由于时间展宽分幅相机是二维超快诊断设备，因此采用二维平均场理论分析系统阴栅加速带和漂移区中的空间电荷效应引起电子脉冲的轴向展宽非常适合，计算方法如公式(5-80)所示，其中 N_0 为电子脉冲内的电子数，l 是电子脉冲的轴向宽度，r 是电子脉冲半径，ε 是真空介电常数，e 和 m 是电子电量和质量。

$$\frac{d^2 l}{dt^2} = \frac{2N_0 e^2}{m\varepsilon\pi r^2} \frac{1}{1 + l/r + \sqrt{1 + l^2/r^2}} \tag{5-80}$$

3. 空间电荷效应在阴栅间引起的渡越时间弥散 ΔT_{asp}

通过求解公式(5-80)的微分方程，阴栅间空间电荷效应引起的渡越时间弥散 ΔT_{asp} 如公式(5-81)至公式(5-84)所示，其中 Φ_0 为阴极电压，r 为电子脉冲半径，t 为电子脉冲在阴栅间的运动时间，d 为阴栅间距，l_0 电子脉冲初始轴向宽度(单位：μm)，p_w 为电子脉冲初始时间宽度(单位：fs)，l_0 和 p_w 之间的内在联系如公式(5-74)所示。

$$\Delta l = \frac{N_0 e^2}{m\varepsilon\pi r^2} \frac{t^2}{(1 + l_0/r + \sqrt{1 + l_0^2/r^2})} \tag{5-81}$$

$$t = d/\sqrt{2e|\Phi_0|/m} \tag{5-82}$$

$$\Delta T_{asp} = \Delta l/\sqrt{2e|\Phi_0|/m} \tag{5-83}$$

$$l_0 = p_w \sqrt{\frac{2e|\Phi_0|}{m}} \tag{5-84}$$

以电子脉冲的初始时间宽度 p_w、半径 r 和电子数 N_0 分别是 130 fs、200 μm 和 1000 为例，根据公式(5-81)至公式(5-84)，阴栅间距、阴极电压和电子初能分布半高宽对空间

电荷时间弥散 ΔT_{asp} 的影响如图 5-10 所示。当电子初能分布半高宽为 0.5 eV、阴栅间距为 2 mm 和阴极电压为 -2 kV 时，ΔT_{asp} 为 ~41.24 fs，此时将阴栅间距减小到 1 mm，阴极电压提高到 -5 kV，ΔT_{asp} 减小至 ~2.61 fs。当阴栅间距为 1 mm 和阴极电压为 -2 kV 时，电子初能分布半高宽度为 0.1 eV 和 1 eV 引起的 ΔT_{asp} 分别为 10.49 fs 和 10.17 fs，此时将阴极电压提高到 -5 kV，两种电子初能分布引起的 ΔT_{asp} 分别减小至 2.64 fs 和 2.59 fs。以上模拟结果显示：提高阴极电压和减小阴栅间距，可提高阴栅间的加速电场和电子运动加速度，缩短电子在阴栅间的运动时间，因此可减小 ΔT_{asp}；而电子初能分布则对 ΔT_{asp} 的影响相对较小。

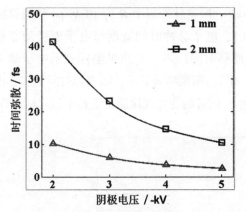 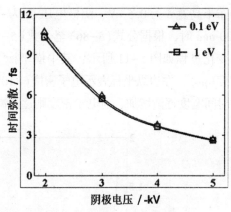

（a）不同阴栅间距（电子初能分布半高宽 0.5 eV）　（b）不同电子初能分布（阴栅间距 1 mm）

图 5-10　阴栅间距、阴极电压和电子初能分布对 ΔT_{asp} 的影响

4. 空间电荷效应在漂移区中引起的渡越时间弥散

（1）时间展宽分幅变像管的电子脉冲传输特性。

电子脉冲的粒子数守恒方程（Particle Conservation Equation，PCE）如公式（5-85）所示，其中 l_0、n_0 和 A_0 分别为电子脉冲的初始脉宽、电子密度和横截面积，l_t、n_t 和 A_t 分别为 t 时刻的脉冲宽度、电子密度和横截面积，N_0 为电子脉冲内的电子个数。该方程描述了电子脉冲在漂移过程中具有电子数保持不变的特性。

$$n_0 l_0 A_0 = n_t l_t A_t = N_0 \tag{5-85}$$

由于采用了时间展宽技术，所以在相机系统中电子脉冲的轴向宽度（即时间宽度）将随漂移时间逐渐变大，在不考虑脉冲半径变化的情况下，电子脉冲轴向宽度及其与电子密度的关系计算方法如公式（5-86）至公式（5-91）所示，其中 l_i 和 n_i 分别是电子脉冲在漂移时刻 t_i 的轴向宽度和电子密度；r 为脉冲半径；v_i 是电子漂移速度；e 和 m 分别是电子电量和质量；Φ_1 和 v_1 是电子脉冲轴向上第一个电子的加速电压和漂移速度，Φ_2 和 v_2 分别是轴向上最后一个电子的加速电压和漂移速度；R 是展宽脉冲斜率；l_0 和 p_w 分别是以 μm 和 fs 为单位的电子脉冲初始轴向宽度。

$$l_i = (v_1 - v_2) \times t_i + l_0 \tag{5-86}$$

$$v_i = \sqrt{\frac{2e|\Phi_i|}{m}} \qquad (5-87)$$

$$n_i = \frac{N_0}{\pi r^2 l_i} \qquad (5-88)$$

$$l_0 = v_1 \times p_w \qquad (5-89)$$

$$\Phi_1 = \Phi \qquad (5-90)$$

$$\Phi_2 = \Phi + R \times p_w \qquad (5-91)$$

当电子脉冲初始时间宽度 p_w 为 130 fs、半径 r 为 200 μm、电子数 N_0 为 1000、电子初能分布半高宽 δ 为 0.5 eV、阴极电压 Φ 为 -4 kV、展宽脉冲斜率 R 为 10 V/ps 和漂移距离为 500 mm 时，根据公式(5-86)至公式(5-91)，电子脉冲时间宽度与电子密度随漂移时间的变化过程如图 5-11 所示，其中横坐标为漂移时间(ns)，右边纵坐标表示电子脉冲时间宽度(ps)，左边纵坐标表示电子密度($\times 10^{15}/m^3$)。模拟结果显示：随漂移时间增加，电子脉冲时间宽度逐渐增加，而电子密度则逐渐减小，两者的变化规律满足于粒子数守恒方程。

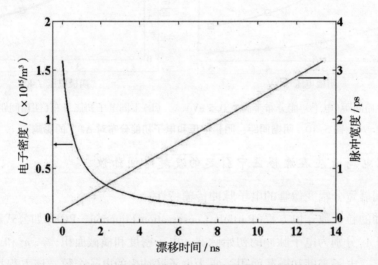

图 5-11 电子脉冲时间宽度和电子密度随漂移时间的变化过程

(2)漂移区中空间电荷效应引起的渡越时间弥散 ΔT_{dsp}。

求解平均场理论公式(5-80)的微分方程，并根据漂移过程中电子脉冲轴向宽度(即时间宽度)随时间变化的特性对其进行修正，修正后的 ΔT_{dsp} 如公式(5-92)至公式(5-94)所示，其中 Δl 为轴向展宽，l_i 为 t_i 时刻的电子脉冲宽度，Δt_i 是脉冲宽度为 l_i 时的漂移时间，v_m 为电子脉冲的平均速率，e 和 m 分别为电子电量和质量，ε 为真空介电常数，t 为电子在漂移区中的传输时间，L 为漂移距离，t_i 的范围为$(0 \sim L/v_m)$。

$$\Delta l = \sum_0^{i-1} \Delta l_i = \sum_0^{i-1} \frac{N_0 e^2}{m\varepsilon\pi r^2} \frac{\Delta t_i^2}{(1 + l_i/r + \sqrt{1 + l_i^2/r^2})} \qquad (5-92)$$

$$\Delta T_{dsp} = \Delta l/v_m \qquad (5-93)$$

$$t_i = \sum_0^{i-1} \Delta t_i \tag{5-94}$$

以电子脉冲的初始脉宽 p_w、半径 r、电子数 N_0 和能量分布半高宽 δ 分别是 130 fs、200 μm、1000 个和 0.5 eV 为例，根据公式(5-86)至公式(5-94)，漂移距离、阴极电压和展宽脉冲斜率对 ΔT_{dsp} 的影响如图 5-12 所示。图(a)为漂移距离对 ΔT_{dsp} 的影响，其中阴极电压为-2 kV，展宽脉冲斜率为 10 V/ps。图(b)为展宽脉冲斜率和阴极电压对 ΔT_{dsp} 的影响，其中漂移距离为 500 mm，当展宽脉冲斜率为 3 V/ps 时，阴极电压为-2 kV 和-5 kV 下的 ΔT_{dsp} 分别为 2.43 ps 和 0.70 ps；而将展宽脉冲斜率提高到 10 V/ps 时，两电压下的 ΔT_{dsp} 分别为减小至 1.28 ps 和 0.38 ps。以上模拟结果显示：由于时间展宽技术使电子脉冲的时间宽度随漂移距离而变大，因此降低了空间电荷效应的影响，所以 ΔT_{dsp} 的变化幅度随漂移距离的增加而逐渐减小，其变化曲线趋于平缓；提高阴极电压，能提高电子束漂移速率和缩短漂移时间，可减小 ΔT_{dsp}；而提高展宽脉冲斜率，可提高时间宽倍率，减小空间电荷效应影响，使 ΔT_{dsp} 减小。

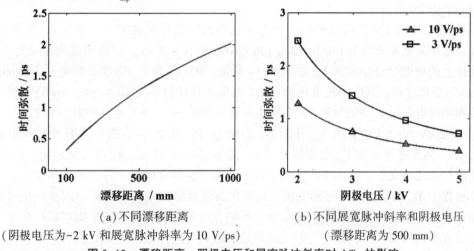

（a）不同漂移距离　　　　　　　　（b）不同展宽脉冲斜率和阴极电压
（阴极电压为-2 kV 和展宽脉冲斜率为 10 V/ps）　　（漂移距离为 500 mm）

图 5-12　漂移距离、阴极电压和展宽脉冲斜率对 ΔT_{dsp} 的影响

5.2.3　时间分辨性能理论值

（1）技术时间分辨率 T_{tec}。

根据公式(5-63)至公式(5-74)，当 MCP 选通分幅变像管时间分辨率 T_{mcp} 为 80 ps 时，理论上的技术时间分辨率 T_{tec} 如图 5-13 所示。图(a)为 T_{tec} 随漂移距离从 100 mm 至 1000 mm 的变化过程，其中阴极电压为-2 kV 和展宽脉冲斜率为 10 V/ps，随漂移距离增加，电子束展宽倍率的逐渐变大使 T_{tec} 逐渐变好，但当电子束展宽倍率达到一定程度时，T_{tec} 的提升趋势逐渐变缓；图(b)为展宽脉冲斜率和阴极电压对 T_{tec} 的影响，其中漂移距离为 500 mm，当展宽脉冲斜率为 3 V/ps 时，阴极电压-2 kV 和-5 kV 下的 T_{tec} 分别为 ~5.15 ps 和 ~17.19 ps；当展宽脉冲斜率提高到 10 V/ps 时，两个电压下的 T_{tec} 分别提升至 ~1.59 ps 和 ~6.1 ps。模拟结果显示，增加漂移距离、降低阴极电压和提高展宽脉冲斜率可提高电子束时间展宽倍率，使相机系统的技术时间分辨率 T_{tec} 获得提升。

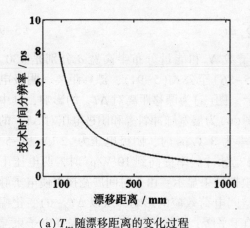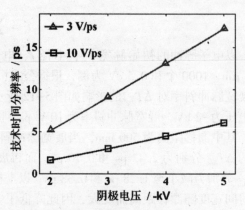

(a) T_{tec} 随漂移距离的变化过程   (b) 不同展宽脉冲斜率和阴极电压

（阴极电压为-2 kV 和展宽脉冲斜率为 10 V/ps）   （漂移距离为 500 mm）

图 5-13 技术时间分辨率 T_{tec} 理论值

（2）物理时间分辨率 T_{phy}。

根据公式（5-76）至公式（5-94），当电子脉冲的初始时间宽度 p_w、半径 r、电子数 N_0 和能量分布半高宽 δ 分别为 130 fs、200 μm、1000 个和 0.5 eV，以及阴栅间距 d 为 1 mm 时，理论上的物理时间分辨率 T_{phy} 如图 5-14 所示。图（a）为 T_{phy} 随漂移距离从 100 mm 至 1000 mm 的变化过程，其中阴极电压为-2 kV 和展宽脉冲斜率为 10 V/ps；图（b）为展宽脉冲斜率和阴极电压对 T_{phy} 的影响，其中漂移距离为 500 mm，当展宽脉冲斜率为 3 V/ps 时，阴极电压-2 kV 和-5 kV 下的 T_{phy} 分别为 ~2.60 ps 和 ~0.79 ps；当展宽脉冲斜率提高到 10 V/ps 时，两个电压下的 T_{phy} 分别提升至 ~1.58 ps 和 ~0.53 ps。模拟结果显示，T_{phy} 随漂移距离增加而逐渐变差，但由于时间展宽技术使电子脉冲宽度随漂移距离逐渐变大，所以在漂移过程中 T_{phy} 的变差趋势逐渐变缓，其变化曲线逐渐趋于平缓；提高阴极电压可以减小阴栅间渡越时间弥散和降低空间电荷效应影响，而提高展宽脉冲斜率则可以提高电子脉冲漂移过程中的展宽倍率，减小空间电荷效应引起的时间弥散，因此，两种手段都能提升像管的物理时间分辨率 T_{phy}。

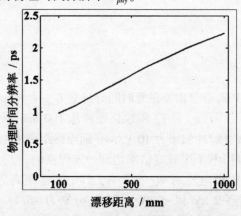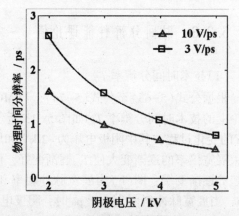

(a) T_{phy} 随漂移距离的变化过程   (b) 不同展宽脉冲斜率和阴极电压

（阴极电压为-2 kV 和展宽脉冲斜率为 10 V/ps）   （漂移距离为 500 mm）

图 5-14 物理时间分辨率 T_{phy} 理论值

（3）相机系统时间分辨率 T_{temp}。

根据公式（5-62）系统时间分辨率 T_{temp} 与物理时间分辨率 T_{phy} 和技术时间分辨率 T_{tec} 的关系，理论上的像管时间分辨率 T_{temp} 如图 5-15 所示。图（a）为 T_{temp} 随漂移距离从 100 mm 至 1000 mm 的变化过程，其中展宽脉冲斜率为 10 V/ps，当阴极电压为-2 kV 时，T_{temp} 随漂移距离的增加经历了快速提升到趋于平缓的变化过程，结合技术和物理时间分辨率变化过程，其原因在于：漂移初期的电子束展宽倍率成倍增长使 T_{tec} 迅速获得提升，随着漂移距离的增加，电子束展宽倍率越来越大，根据公式（5-48），当电子束展宽倍率提高到一定程度时，T_{tec} 的提升速率反而变得相对缓慢，而物理时间分辨率的变化也随着展宽倍率的增加而逐渐缓慢，所以随漂移距离增加，T_{temp} 经历一个快速提升到趋于平缓的变化过程；而当阴极电压为-5 kV 时，由于在相同漂移距离下，其电子束展宽倍率小于-2 kV 下的展宽倍率，因此 T_{temp} 在漂移距离超过 1000 mm 后仍提升明显。图（b）为展宽脉冲斜率和阴极电压对 T_{temp} 的影响，其中漂移距离为 500 mm，当展宽脉冲斜率为 3 V/ps 时，阴极电压-2 kV 和-5 kV 下的 T_{temp} 分别为~5.8 ps 和~17.22 ps；当展宽脉冲斜率提高至 10 V/ps 时，两个电压下的 T_{temp} 分别提升至~2.24 ps 和~6.10 ps。理论分析显示，增加漂移距离可提升 T_{temp}，但随着漂移距离的增加，当电子束展宽倍率达到一定程度，T_{temp} 的提升变得逐渐缓慢；提高阴极电压，虽然可提升物理时间分辨率，但减小了电子束展宽倍率，引起技术时间分辨率变差，导致相机系统时间分辨率 T_{temp} 变差；而提高展宽脉冲斜率，使电子束展宽倍率增大，能同时提升物理和技术时间分辨率，使相机系统时间分辨率获得提升。

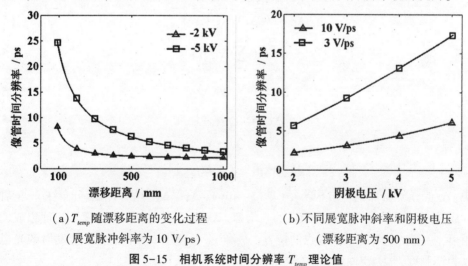

（a）T_{temp} 随漂移距离的变化过程　　　　（b）不同展宽脉冲斜率和阴极电压
（展宽脉冲斜率为 10 V/ps）　　　　　　（漂移距离为 500 mm）

图 5-15　相机系统时间分辨率 T_{temp} 理论值

5.3　时间展宽分幅相机空间分辨性能

在磁场中，由于物面上任意位置发射的光电子在高斯成像面上的成像都会呈现空间弥散现象，因此，可通过光电子在成像面上的落点分布分析成像弥散和估算理论空间分辨性能，常用的方法有 2 种：一种是均匀磁场中采用 4 倍拉莫半径（Larmor Radius，LR）方法，例如美国的时间展宽分幅相机（Dilation X-ray imager，DIXI）系统；另一种是通过成像均方根半径，采用空间调制传递函数（Spatial Modulation Transfer Function，SMTF）实现，例如我国的短磁聚焦型时间展宽分幅相机系统。由于拉莫半径法分析空间分辨性能与阴极材质（即出射电子能量）和阴极磁场强度有关，且仅适用于具有磁场强度较大的均匀磁场成像系统，因此，在本节中仅介绍采用空间调制传递函数计算变像管理想空间分辨率的实现方法，并讨论我国短磁聚焦型时间展宽分幅变像管的空间分辨性能。

5.3.1 空间调制传递函数法

采用空间调制传递函数计算变像管系统空间分辨率的过程如文献[61，133]所述：首先，从变像管的阴极（物面）上某一位置发射若干个光电子，由于这些光电子初能和发射角度等分布的初始参量存在差异，因此在加速电场和轴对称磁场作用下，经过长距离传输后，在成像面上的落点将不再集中于一个点，而是呈现出一个弥散分布；然后，对这些光电子的落点分布（即成像分布）进行位置统计，采用公式（(5-95)至公式(5-99)计算该分布的均方根半径 $\overline{\Delta r}$；最后，采用公式（5-100）的空间调制传递函数建立调制度（Modulation）和空间频率（Spatial Frequency）之间的内在联系，将调制度下降到 0.1 时所对应的空间频率 f 定义为变像管的理论空间分辨率。

$$\overline{\Delta r} = \sqrt{(\overline{\Delta x})^2 + (\overline{\Delta y})^2} \tag{5-95}$$

$$\Delta x = (\sum_{i=1}^{n} \Delta x_i)/n \tag{5-96}$$

$$\Delta y = (\sum_{i=1}^{n} \Delta y_i)/n \tag{5-97}$$

$$\Delta x_i = |x_i - x_0| \tag{5-98}$$

$$\Delta y_i = |y_i - y_0| \tag{5-99}$$

$$M = \exp[-(\pi \overline{\Delta r}f)^2] \tag{5-100}$$

上式中，$\overline{\Delta r}$ 为落点分布的均方根半径（单位：μm），Δx，Δy 分别为落点分布在 x，y 轴方向上实际成像点与理想成像点之间距离的平均值，Δx_i 和 Δy_i 为第 i 个成像点与理想成像点之间的距离，x_i 和 y_i 为第 i 个成像点的位置，x_0 和 y_0 为理想成像位置，n 为发射的光电子总数，M 为调制度，f 为空间频率（单位：lp/mm）。

5.3.2 短磁聚焦型时间展宽分幅变像管理想空间分辨率

采用单磁透镜和双磁透镜成像系统的时间展宽分幅变像管模型剖面视图分别如图 5-16(a) 和图 5-17(a) 所示，模型主要由光电阴极、栅网、磁透镜（软铁壳和铜线圈组成）、光电子漂移区和成像面组成。详细参数为：磁透镜外径为 $\Phi256$ mm、内径为 $\Phi160$ mm、轴向宽度为 100 mm，内壳上的狭缝为 4 mm；阴极电压为 -3 kV，栅极电压为 0 V，阴栅间距为 1 mm，漂移距离为 500 mm。为保证 1∶1 的成像比例（即物距与像距的比例设置为 1∶1），单磁透镜放置于变像管漂移区中间，双磁透镜则分别放置于变像管漂移区两端。

1. 光电子漂移区内的磁场分布

当从阴极轴上发射的光电子在成像面上的空间弥散斑最小时，单磁透镜和双磁透镜像管内的磁场分布分别如图 5-16 和图 5-17 所示，其中图 5-16(a) 的图例 1 和图例 2 分别表示单磁透镜像管的软铁内和漂移区内的磁场分布强度，其最大值分别为 4.4×10^{-1} Telsa 和 1.36×10^{-2} Tesla。为研究像管轴上和离轴位置的空间分辨性能，模拟的单/双磁透镜像管漂移区内轴上和离轴位置的磁场分布对比分别如图 5-16(b) 和图 5-17(b) 所示，其中单磁透镜轴上和离轴 20 mm 的最大磁场强度分别为 ~4.1×10^{-3} Tesla 和 ~4.5×10^{-3} Tesla，双磁透镜为 ~6.5×10^{-3} Tesla 和 ~7.1×10^{-3} Tesla。由此可见，短磁聚焦型时间展宽分幅变像管内的磁场分布具有 2 个特点：①磁透镜软铁内的磁场强度远大于漂移区；②由于漂移区中的磁场是通过磁透镜狭缝漏出，因此距离狭缝越近磁场强度越大。

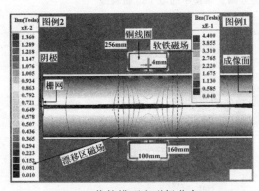

（a）像管模型和磁场分布

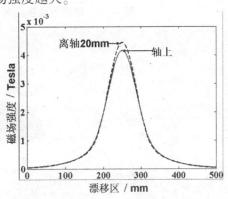

（b）轴上和离轴位置磁场分布对比

图 5-16　单短磁透镜型时间展宽分幅变像管

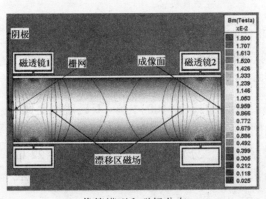

（a）像管模型和磁场分布

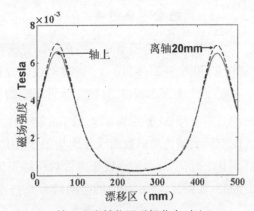

（b）轴上和离轴位置磁场分布对比

图 5-17　双短磁透镜型时间展宽分幅变像管

2. 光电子运动轨迹

光电子运动轨迹的计算方法已在 5.1.5 节中介绍，在单/双短磁透镜型时间展宽分幅变像管中，从阴极(物面)轴上位置发射若干个光电子，这些光电子沿 Z 轴方向，在漂移区内的传输运动轨迹分别如图 5-18 和图 5-19 所示。

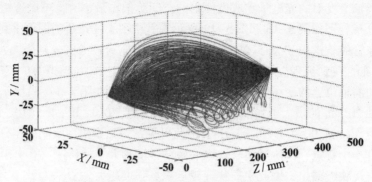

图 5-18　单短磁透镜型时间展宽分幅变像管中的电子运动轨迹

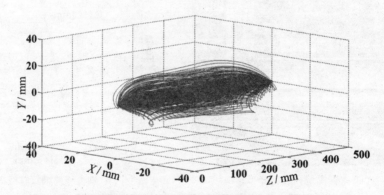

图 5-19　双短磁透镜型时间展宽分幅变像管中的电子运动轨迹

3. 理想空间分辨率

单/双短磁透镜型时间展宽分幅变像管的阴极轴上位置发射点的成像分布分别如图 5-20(a)和图 5-21(a)所示，通过对成像分布中落点的位置统计，采用公式(5-95)至公式(5-99)，在不考虑 MCP 分幅变像管影响的情况下，计算获得单/双磁透镜变像管成像分布的均方根半径 $\overline{\Delta r}$ 分别为 ~29.13 μm 和 ~21.49 μm。根据公式(5-100)，单/双磁透镜变像管的空间调制传递函数曲线分别如图 5-20(b)和图 5-21(b)所示，当调制度(纵坐标)下降到 0.1 时，单/双磁透镜变像管对应的空间频率 f_{sm} 和 f_{dm} 分别为 ~16.61 lp/mm 和 ~22 lp/mm，根据公式(5-101)的空间频率 f_0 与空间分辨率 δ_0(单位为 μm)之间的转换关系，单/双磁透镜变像管的空间分辨率 δ_{sm} 和 δ_{dm} 分别为 ~61 μm 和 ~45 μm。

$$\delta_0 = \frac{1}{f_0} \times 10^3 \tag{5-101}$$

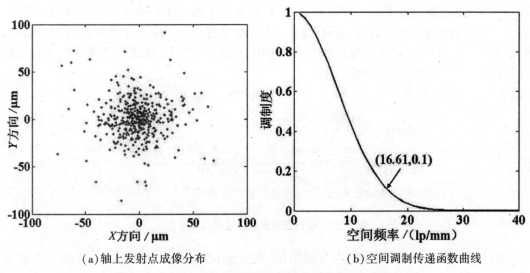

(a) 轴上发射点成像分布　　　　　　(b) 空间调制传递函数曲线

图 5-20　单磁透镜型时间展宽分幅变像管的理论空间频率

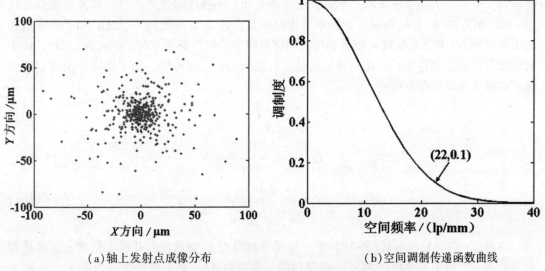

(a) 轴上发射点成像分布　　　　　　(b) 空间调制传递函数曲线

图 5-21　双磁透镜型时间展宽分幅变像管的理论空间频率

5.3.3　短磁聚焦型时间展宽分幅变像管空间分辨性能

1. 球差

球差(Spherical Aberration)也称为球面像差，是磁透镜最重要的几何像差，它决定了磁透镜成像系统的成像性能和空间分辨能力。磁透镜的球差是由磁透镜中近轴区域与远轴区域磁场对电子束的作用力不同而产生的。磁透镜球差的形成过程如图 5-22 所示，从物面轴上一点 O 发射出的近轴电子射线经过磁透镜后聚焦于轴上点 O'，而远轴的电子射线则聚焦于离磁透镜更近的点。假设通过点 O' 且垂直于轴的像平面 2 为高斯像面，那么，由 O 点发出的电子在高斯像面上的成像将不再是一个像点，而是一个模糊的圆斑（或称为弥散斑）。由于磁透镜磁场对近远轴电子的作用力不同，所以，无论高斯像面位于轴上的任何位置，都不可能得到清晰的图像。

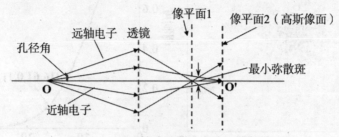

图 5-22　磁透镜球差的形成过程示意图

由于近轴和远轴的电子射线分别聚焦在一定的轴向距离上，且近轴电子射线聚焦位置比远轴的远，因此在近远轴电子射线聚焦的轴向距离范围内，存在着一个最小的成像弥散斑，即图像最清晰的轴向位置。成像弥散斑的尺寸越小，表示磁透镜的像差越小，成像性能越好，空间分辨能力越优越。单磁透镜的球差和最小成像弥散斑半径的计算方法如公式（5-102）至公式（5-104）所示，根据单磁透镜球差系数 C_s、弥散斑半径 ΔR_s 和磁透镜激励的关系可知，C_s 和 ΔR_s 随磁透镜激励增大而逐渐减小。但根据谢尔赫（Scherzer）原理，由于磁透镜存在磁饱和特性，因此磁透镜的球差只能减小到一定程度，而不能完全消除，即使物点在轴上也将会存在球差。

$$\Delta R_s = \frac{1}{4} C_s \alpha^3 \qquad (5-102)$$

$$C_s = 140 \frac{V_r}{(NI)^2} f_0 \qquad (5-103)$$

$$f_0 = \frac{8mV_r}{e \int_{z_2}^{z_1} B^2(z)\,dz} \qquad (5-104)$$

在公式（5-102）至公式（5-104）中，球差系数为 C_s，磁透镜的孔径半角为 α，磁透镜的焦距为 f_0，电子加速电压为 V_r，磁透镜的安匝数为 NI，轴上磁场强度为 $B(z)$，z_1 和 z_2 为轴向距离，m 和 e 分别为电子的质量和电荷量。

根据单磁透镜球差的计算原理，结合组合磁透镜等效焦距理论，双磁透镜系统的球差系数计算方法如公式（5-105）至公式（5-107）所示，式中 C_{s1} 和 C_{s2} 分别为两个磁透镜的球差系数，f_c 为组合磁透镜的等效焦距，f_1 和 f_2 分别为两个磁透镜的焦距，d 为两磁透镜之间的轴向距离。

$$C_s = \left(\frac{C_s f_2^{\,2}}{f_1} + \frac{C_{s2}\,(d-f_1)^2}{f_2} \right) f_c / q^2 \qquad (5-105)$$

$$q = d - f_1 - f_2 \qquad (5-106)$$

$$f_c = \frac{f_1 f_2}{q} \qquad (5-107)$$

由于分幅变像管是一种具有二维空间分辨能力的诊断设备，因此讨论短磁聚焦型时间展宽分幅变像管的空间分辨性能，应包括变像管阴极（物面）轴上和离轴位置的空间分辨率。本节将根据图 5-16(a) 和图 5-17(a) 的单/双磁透镜型时间展宽分幅变像管模型，在变像管成像比例为 1∶1 时，讨论阴极加速电压和阴栅间距等参数对像管空间分辨性能的影响。

2. 阴极加速电压对像管空间分辨性能的影响

阴极加速电压对单/双磁透镜型变像管空间分辨性能的影响分别如图 5-23 和图 5-24 所示。当阴极加速电压为 -2 kV 和漂移距离为 500 mm 时，单磁透镜型变像管轴上和离轴 10 mm 的空间分辨率分别为 ~68 μm 和 ~150 μm，双磁透镜型变像管轴上和离轴 20 mm 的空间分辨率分别为 ~47 μm 和 ~171 μm；当阴极加速电压提高到 -5 kV 时，单磁透镜型变像管轴上和离轴 10 mm 的空间分辨率分别提升至 ~53.6 μm 和 ~139 μm，双磁透镜型变像管轴上和离轴 20 mm 的空间分辨率分别提升至 ~41.1 μm 和 ~150 μm。

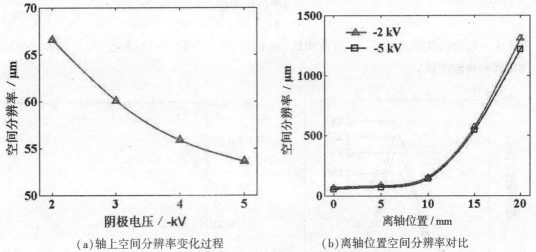

（a）轴上空间分辨率变化过程　　　　　（b）离轴位置空间分辨率对比

图 5-23　阴极电压对单磁透镜像管空间分辨性能的影响

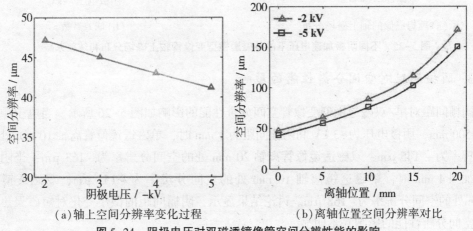

（a）轴上空间分辨率变化过程　　　　　（b）离轴位置空间分辨率对比

图 5-24　阴极电压对双磁透镜像管空间分辨性能的影响

讨论结果显示，提高阴极电压能提升短磁聚焦型变像管的空间分辨性能，但不能改变空间分辨率随离轴位置增加而变差的趋势。假设原阴极电压下的电子成像面为高斯像面，当阴极电压提高时，电子运动速度加快，此时，电子受到的磁场作用力将减小，导致电子成像面的轴向距离比原高斯像面远。根据傍轴电子轨迹方程[公式(5-108)]描述的电子加速电压 V_r 和轴上磁场分布 $B(z)$ 之间存在 $B^2(z)/V_r$ 的关系，要保持电子成像面的轴向距离与原高斯成像面一致，必须增加磁场强度 $B(z)$。以单磁透镜型变像管为例，当电子漂移距离为 500 mm 时，在不同阴极电压下，变像管轴上磁场强度分布如图 5-25(a)所示，根据公式(5-102)和公式(5-103)计算的单磁透镜型变像管球差系数随阴极电压的变化过程如图 5-25(b)所示。由此可知，提高阴极电压，轴上磁场强度也必须相应地增加，磁场强度变大使变像管的球差系数变小，从而提升变像管空间分辨性能。但由于磁透镜存在场曲，所以阴极电压的提高无法改变像管空间分辨性能随离轴位置而变差的趋势。

$$r'' + \frac{\eta B^2(z)}{8V_0}r = 0 \qquad (5-108)$$

上式中，V_0 为阴极加速电压，η 为荷质比(e/m)，$B(z)$ 为轴上磁场强度分布，z 和 r 分别为轴向和离轴位置。

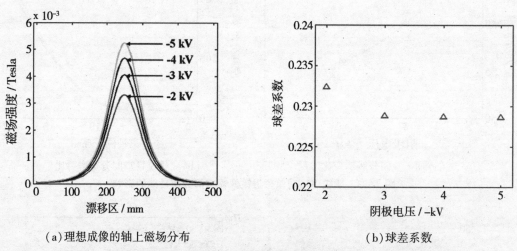

（a）理想成像的轴上磁场分布　　　　　　　（b）球差系数

图 5-25　不同阴极加速电压下的单磁透镜型变像管轴上磁场分布和球差系数

3. 阴栅间距对空间分辨性能的影响

阴栅间距对单/双磁透镜型变像管空间分辨性能的影响如图 5-26 所示。当电子漂移距离为 500 mm、阴极电压为-3 kV 和阴栅间距为 1 mm 时，单磁透镜像管离轴 10 mm 处的空间分辨率为~145 μm，双磁透镜像管离轴 20 mm 处的空间分辨率为~163 μm；当阴栅间距增加到 4 mm 时，单磁透镜离轴 10 mm 处的空间分辨率为~155 μm，双磁透镜离轴 20 mm 处的空间分辨率为~168 μm。讨论结果显示，阴栅间距的微小变化对短磁聚焦型变像管空间分辨性能的影响并不明显。

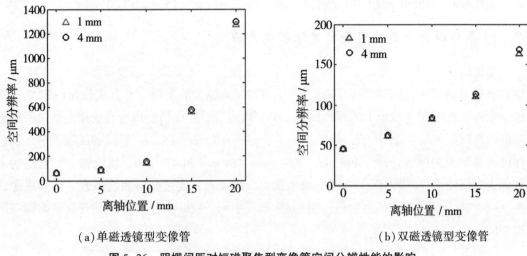

(a) 单磁透镜型变像管　　　　　　　　　　(b) 双磁透镜型变像管

图 5-26　阴栅间距对短磁聚焦型变像管空间分辨性能的影响

5.3.4　短磁聚焦型时间展宽分幅变像管成像面

"场曲"指像场弯曲，形成的原因是物平面不同离轴位置发出的电子射线受到不同的磁场作用力，由于离轴越远位置的磁场强度越大，所以离轴位置越远的电子，成像点离理想高斯像面越远，反之越近，于是形成一个弯曲像平面，其形成过程如图 5-27 所示。对于短磁透镜来说，像场弯曲不可消除，弯曲像面的曲率 K 计算方法如公式(5-109)所示，其中 $u(z)$ 为弯曲像面的二维投影曲线方程，z 为轴向距离。

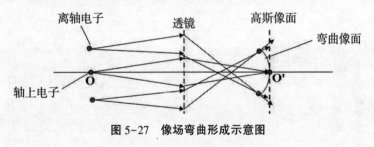

图 5-27　像场弯曲形成示意图

$$K = \frac{\mid u''(z) \mid}{(1 + u'(z)^2)^{3/2}} \tag{5-109}$$

由于磁透镜存在场曲，所以变像管阴极轴上和离轴位置电子的成像位置不同，即轴上电子的成像面轴向距离大于离轴位置电子的成像面。假设轴上电子成像面为高斯像面，那么离轴距离越大的电子，其成像面与高斯像面的距离越远，在高斯像面上的像越模糊。根据磁透镜这一成像特点，通过离轴位置发射电子的运动轨迹建立离轴位置与其成像面轴向距离之间的内在联系，采用曲线拟合可模拟出短磁聚焦时间展宽分幅变像管成像面在二维坐标下的投影曲线。分析的基本条件为：阴极电压为 -3 kV，阴栅间距为 1 mm 和漂移距离为 500 mm。发射电子的位置分别为离轴 5 mm、10 mm、15 mm 和 20 mm。

1. 单短磁透镜型时间展宽变像管成像面

　　单磁透镜像管不同离轴位置发射点的电子轨迹在 Y-Z 平面上的投影如图 5-28 所示（Y 轴和 Z 轴分别表示离轴和漂移距离），图中离轴距离越大的发射点，其成像面（或"电子轨迹交于一点处"）位于轴向上的距离越短。电子轨迹发射点离轴距离与其成像面轴向距离之间的内在联系如图 5-29 所示，其中 Y 轴上 5 mm、10 mm、15 mm 和 20 mm 处发射点的成像面在 Z 轴上的位置分别为 498 mm、497 mm、489 mm 和 475 mm。假设轴上发射点的成像面为高斯像面（即成像面在 Z 轴上的位置为 500 mm），通过高斯曲线拟合，像管成像面在 Y-Z 平面上的投影为一抛物线（即轴对称磁场中 +Y 轴和 -Y 轴上的发射点成像面轴向距离相同）。

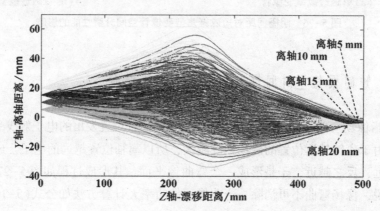

图 5-28　单磁透镜型分幅变像管离轴发射点的电子轨迹和最优成像位置

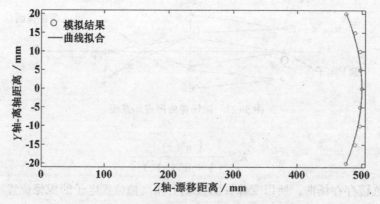

图 5-29　单磁透镜型分幅变像管成像面投影图

2. 双短磁透镜型变像管成像面

　　在双磁透镜型变像管中，不同离轴位置发射点的电子轨迹在 Y-Z 平面上的投影如图 5-30 所示（Y 轴和 Z 轴分别表示离轴和漂移方向），电子轨迹发射点离轴距离与其成像面轴向距离之间的内在联系如图 5-31 所示，其中 Y 轴上 5 mm、10 mm、15 mm 和 20 mm 处发射点的成像面在 Z 轴上的位置分别为 499 mm、498 mm、495 mm 和 492 mm，通过曲线拟合，像管成像面在 Y-Z 平面上的投影为一弯曲程度较小的抛物线（即轴对称磁场中 $+Y$ 轴和 $-Y$ 轴上的发射点成像面轴向距离相同）。

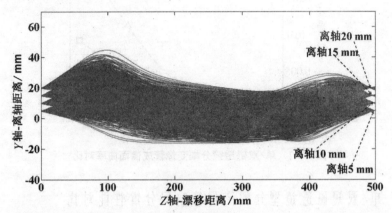

图 5-30　双磁透镜型分幅变像管离轴发射点的电子轨迹和最优成像位置

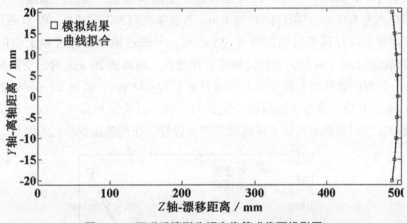

图 5-31　双磁透镜型分幅变像管成像面投影图

　　讨论结果显示：单/双磁透镜型时间展宽分幅变像管成像面在 Y-Z 平面上的投影呈现为一抛物线，这是由磁透镜的场曲造成的，所以变像管不同离轴位置发射点在高斯成像面上的成像质量存在差异。通过对图 5-29 和图 5-31 的模拟数据进行拟合可获得成像面二维投影的抛物线方程 $u(z)$，采用公式（5-109）计算其曲率，单/双磁透镜型时间展宽分幅变像管成像面二维投影抛物线的曲率对比如图 5-32 所示，其中双磁透镜型变像管的曲率随发射点离轴位置变化较单磁透镜型变像管的平缓，其离轴 0～20 mm 发射点构成的成像面曲率为 0.009 m^{-1}，优于单磁透镜型变像管的 0.021 m^{-1}。综合以上分析，双磁透镜成像系统能有效减小短磁聚焦型时间展宽分幅变像管成像面的场曲，提高变像管空间分辨性能。

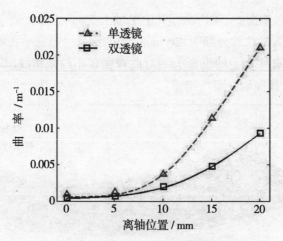

图 5-32　单/双磁透镜分幅变像管成像面曲率对比

5.3.5　单/双短磁透镜型分幅变像管空间分辨性能对比

采用图 5-16(a)和图 5-17(a)的短磁聚焦型变像管模型，当阴极加速电压为-3 kV，光电子漂移距离为 500 mm，阴栅间距为 1 mm 和成像比例为 1:1 时，单/双磁透镜型时间展宽分幅变像管空间分辨率对比如图 5-33 所示。单磁透镜型变像管轴上空间分辨率为 ~61 μm，离轴超过 10 mm 后，空间分辨率迅速变差，当离轴 20 mm 时，空间分辨率已超过 1000 μm；而双磁透镜型变像管轴上空间分辨率为 ~45 μm，离轴 20 mm 处的空间分辨率优于 200 μm，且空间分辨率随离轴变化相对平缓。讨论结果显示，双磁透镜型变像管轴上和离轴位置空间分辨率均优于单磁透镜型变像管，在离轴位置特别的明显。

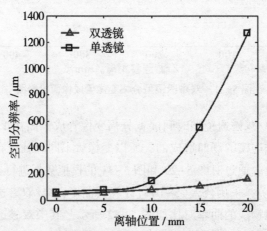

图 5-33　单/双透镜型时间展宽分幅变像管空间分辨率对比

双磁透镜型变像管空间分辨性能优于单磁透镜型变像管的原因主要有 2 点：一是，双磁透镜型变像管磁场分布较单磁透镜范围广，且磁场强度较大，因此球差较小，使像管具有更好的轴上空间分辨率。当电子加速电压为-3 kV，漂移距离为 500 mm，阴栅间距为

1 mm 和成像比例为 1：1 时，采用公式(5-103)和公式(5-105)计算获得单/双磁透镜球差系数分别为 0.229 和 0.07；二是，双磁透镜能减小场曲，因此像管离轴位置的空间分辨率优于单磁透镜，采用公式(5-109)计算获得单/双磁透镜像管离轴 0～20 mm 发射电子构成的成像面曲率分别为 0.021 m^{-1} 和 0.009 m^{-1}。综合单/双磁透镜型时间展宽分幅变像管的磁场分布、磁场强度、球差系数和成像面曲率的分析，双磁透镜型变像管的空间分辨性能优于单磁透镜，两者空间分辨性能具体对比见表 5-1。

表 5-1　单/双磁透镜型时间展宽分幅变像管的空间分辨性能对比

漂移距离 500 mm 阴栅间距 1 mm 阴极电压-3 kV	轴上磁场 强度峰值 /Tesla	轴上空间 分辨率 /μm	离轴 10 mm 空间分辨率 /μm	离轴 20 mm 空间分辨率 /μm	离轴 20 mm 最优成像位置的 轴向距离/mm	离轴 20 mm 成像面曲率 /m^{-1}	球差 系数
单磁透镜型	$4.1*10^{-3}$	61	< 200	> 1000	~ 475	0.021	0.229
双磁透镜型	$6.5*10^{-3}$	45	< 100	< 200	~ 492	0.009	0.07

5.4　时间展宽分幅相机时空分辨性能指标

5.4.1　美国的 DIXI

DIXI 全称为 Dilation X-ray imager，是美国的 General Atomics 公司和劳伦斯利弗莫尔国家实验室为进行激光核聚变诊断实验研制的一款时间分辨率优于 10 ps 的时间展宽分幅相机。相机结构如图 5-34 所示，其中光电阴极共有 4 条，采用微带结构设计，每条阴极微带长 12 cm，宽 15.5 mm，光电阴极采用 Au 或 CsI 材质，在基底上镀制厚 400 nm 的阴极材质，阴栅加速带为 1.6 mm，光电子漂移区为 50 cm，成像系统由 4 个大口径螺线管透镜形成的近似均匀磁场构成，每个螺线管透镜的孔径为 40 cm 和轴向宽度为 8 cm，在时间展宽分幅相机外部，4 个螺线管透镜两透镜按照两两间隔 15 cm 的排列方式，分别放置在阴极、漂移区和 MCP 上。为保证阴极微带图像（12 cm×15.5 mm）能成像在 MCP 微带上（4 cm×6 mm），相机采用缩小 3 倍的形式成像，此时 MCP 上透镜的激励电流为阴极上透镜的 9 倍左右。

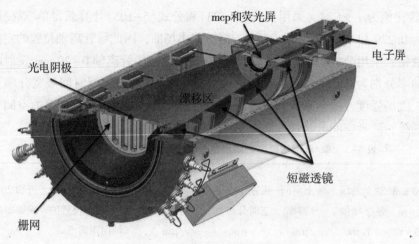

mcp和荧光屏

电子屏

光电阴极

漂移区

短磁透镜

栅网

图 5-34　美国的 DIXI 结构示意图

相机的时间分辨率满足电子束时间展宽原理(5.2.1 节所述)，空间分辨率服从 4 倍拉莫半径要求，并与光电阴极材质、阴极上磁场强度和系统成像比例等因素有关，计算方法如公式(5-110)和公式(5-111)所示。在 MCP 分幅相机空间分辨率 δ_{MCP} 和成像比例 Mag 不变的情况下，可通过提高阴极上的磁场强度 B 和采用逸出功 T_e 较小的光电阴极材料，进一步提升相机空间分辨率。

$$\delta_{pc} = 95000 \times \frac{\sqrt{T_e}}{B} \qquad (5-110)$$

$$\delta_{tube} = \sqrt{Mag \times \delta_{MCP}^2 + \delta_{PC}^2} \qquad (5-111)$$

上式中，δ_{tube}、δ_{MCP} 和 δ_{PC} 分别为时间展宽分幅像管，MCP 行波选通分幅像管和阴极的空间分辨率；Mag 为成像倍率；T_e 为阴极产生的二次光电子初能量分布(CsI 为 1.7 eV，Au 为 3.5 eV)；B 为阴极上的磁场强度(单位为 Gs)。

1. 空间分辨性能

当 DIXI 成像倍率为缩小 3 倍，MCP 分幅相机的空间分辨率为 45 μm 时，采用金(Au)和碘化铯(CsI)阴极材质的相机空间分辨率随阴极磁场变化如图 5-35 所示，随着阴极磁场强度的变大，相机空间分辨率获得提升，而采用 CsI 材质的相机空间分辨率优于 Au 材质。阴极磁场强度为 370 Gs 时，Au 和 CsI 阴极材质的相机空间分辨率分别为 ~510 μm 和 ~360 μm，而当阴极处磁场强度增大到 500 Gs 时，采用 CsI 阴极材质的相机空间分辨率可提升到 ~280 μm。

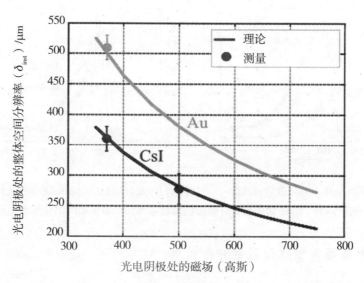

图 5-35 美国 DIXI 的空间分辨率与阴光电极材质和磁场强度关系

2. 时间分辨性能

X 射线阴极 DIXI 的时间分辨率采用美国 LLNL 的 COMET 激光器作为驱动源，该激光器输出脉冲的时间宽度为 500~700 fs，波长为 1.054 μm，激光光斑分布半高宽约为 8 μm，这样可以使功率密度为 2×10^{19} W·cm^{-2} 的输出激光集中轰击薄膜靶(2 μm Al+200 μm 的 Cu 或 Zr)产生 X 射线。时间分辨率测试情况如图 5-36 所示，相机的时间分辨率约为 6.6 ps。在阴极加载-750 V 和-1530 V 的直流高压时，相机采集图像的增益曲线及其归一化拟合之后的情况如图 5-37 所示，两者之间的增益相差约为 4 倍，时间分辨率分别为 8.1 ps 和 15.3 ps，由此可见加载较低的阴极电压，在相机增益有所损失的情况下，增益曲线的半高宽缩小，时间分辨率获得提升。

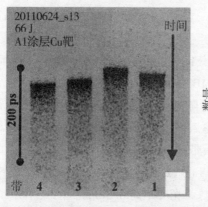

（a）微带动态图像

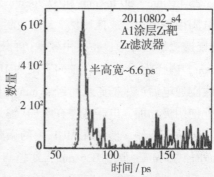

（b）高斯拟合的时间分辨率曲线

图 5-36 DIXI 时间展宽分幅相机时间分辨率

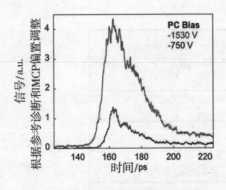 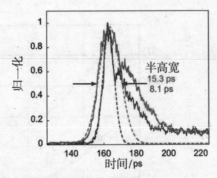

(a) 不同阴极电压下的微带增益曲线　　　(b) 归一化处理后的增益曲线和时间分辨率

图 5-37　DIXI 时间展宽分幅相机加载不同阴极电压的时间分辨率

5.4.2　短磁聚焦型时间展宽分幅相机

我国深圳大学研制的短磁聚焦型时间展宽分幅相机主要有单短磁透镜型和双短磁透镜型 2 种，该相机的基本结构如图 5-38 所示，相机包括光电阴极和栅网、光电子漂移区、短磁透镜 (磁场成像系统) 和 MCP 行波选通分幅变像管。光电阴极采用微带结构和 Au 材质，微带式结构阴极具有 2 方面的作用：一是具有光电阴极的功能，将入射光转换为光电子；二是具有微带线的作用，传输高压斜坡脉冲，使得微带阴极和栅网间存在时变电场，实现电子束的时间放大。在短磁聚焦型时间展宽分幅相机的阴极设计中，根据成像比例，设计了 2 种不同类型和尺寸的光电阴极。一种是在石英玻璃基底上蒸镀 3 条厚度为 80 nm 的 Au，每条阴极宽度 8 mm，间隔 2.8 mm，该小尺寸光电阴极主要用于成像比例 1∶1 时的测试；另一种光电阴极为掩膜阴极，即将不同频率的分辨率板镀制到阴极表面，每条阴极尺寸为 72 mm×12 mm，由 6 组分辨率板组成，每组包含水平和竖直方向的 8 种不同线对，总计 16 个分辨率板。8 种线对分别是 2 lp/mm，5 lp/mm，10 lp/mm，15 lp/mm，20 lp/mm，25 lp/mm，30 lp/mm 和 35 lp/mm，每个分辨率板为 3 mm×3 mm 的正方形，该大尺寸光电阴极主要用于成像比例 2∶1 时的测试。栅网采用镍材质，其空间频率为 10 lp/mm。短磁聚透镜是圆环形，主要由软铁 (屏蔽铁壳) 和激励铜线圈 (约为 1200 匝) 组成，外径为 256 mm，内径为 160 mm，轴向宽度为 100 mm，圆环内侧有一圈宽度 4 mm 的漏磁缝隙，激励线圈通电后产生的磁场可经 4 mm 缝隙进入漂移区，通过调整短磁透镜的位置可以很容易地使阴极物面光电子成像在 MCP 输入面，以及调节成像倍率。MCP 行波选通分幅变像管由阻抗渐变线、蒸镀在 MCP 上的微带线、MCP 和制作在光纤面板上的荧光屏组成。MCP 外径 56 mm，厚度 0.5 mm，通道直径 12 μm，斜切角 6°。微带线 (500 nm Cu+100 nm Au) 宽 8 mm、间隔 2.8 mm。MCP 与荧光屏距离 0.5 mm。

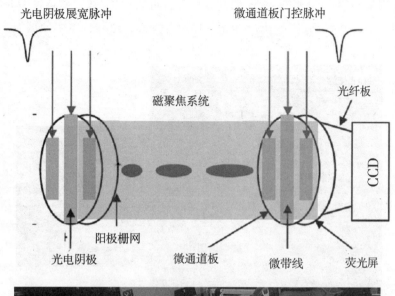

光电阴极展宽脉冲　　　　　微通道板门控脉冲

磁聚焦系统

光纤板

CCD

阳极栅网

光电阴极　　　　　微通道板　　　微带线　　荧光屏

图 5-38　深圳大学研制的短磁聚焦型时间展宽分幅变像管

1. 空间分辨性能

(1)空间分辨率。

在短磁聚焦型时间展宽分幅变像管中，为保证系统成像比例为 1 : 1(即物距和像距设置为 1 : 1)，单短磁透镜被安置于漂移区中间(激励电流设置为 0.31 A)，双磁透镜则分别被安置于漂移区两端(每个透镜的激励电流设置为 0.34 A)。变像管的成像实际上可分为 2 个过程：首先，2 号分辨率板(4.5.4 节所述)在紫外光照射下，通过平行光管成像系统，在放大 2.5 倍之后成像在变像管光电阴极上；然后，在加速电场和短磁聚焦成像系统作用下，光电阴极产生的光电子图像通过漂移区传输后成像在 MCP 的输入面上。

采用 2 号分辨率板测试的短磁聚焦型时间展宽分幅变像管成像如图 5-39 和图 5-40 所示，单/双短磁透镜成像系统分别能分辨出的最大单元数为第 5 组和第 6 组，其能分辨的最大单元组的局部放大图分别如图 5-39(b)和图 5-40(b)所示，其中①、②、③和④表示条纹的 4 个方向。通过 2 号分辨率参数，第 5 和 6 组的条纹宽度分别为 ~15.9 μm 和

~15 μm，采用公式(4-66)和图4-63的参数计算，可获得单/双短磁透镜型时间展宽分幅变像管的空间频率分别为~12.58 lp/mm 和~13.4 lp/mm，空间分辨率分别为~79.5 μm 和~75 μm。

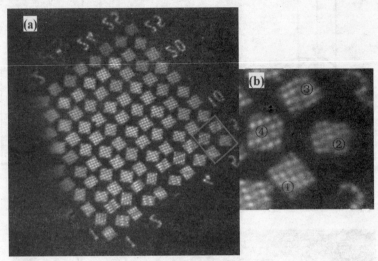

　　(a)CCD 采集的 2 号分辨率板图像　　　　　(b)第 5 组局部放大图

图 5-39　单磁透镜型时间展宽分幅变像管空间分辨率测试结果

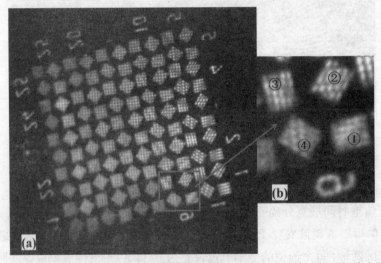

　　(a)CCD 采集的 2 号分辨率板图像　　　　　(b) 第 6 组局部放大图

图 5-40　双磁透镜型时间展宽分幅变像管空间分辨率测试结果

　　单磁透镜像管的 MTF 曲线如图 5-41 所示，4 条曲线分别对应图 5-39(a)的第 1~5 组 4 个方向(即①、②、③和④表示)，横坐标为空间频率(分辨率板第 1~5 组对应的空间频率，单位为 lp/mm)，纵坐标为调制度(采用公式(4-67)和公式(4-68)获得)。图中显示，调制度随空间频率上升而降低，当空间频率为 10 lp/mm 时，图像调制度为~16 %，而空间频率为 12.58 lp/mm 时，图像调制度降低到~3 %。双磁透镜像管的 MTF 曲线如图 5-42

所示，其图像调制度与空间频率的变化趋势与单磁透镜像管一致，当空间频率为 10 lp/mm 和 13.4 lp/mm 时，图像调制度分别为 ~19 % 和 ~3 %。

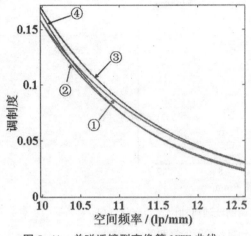
图 5-41　单磁透镜型变像管 MTF 曲线

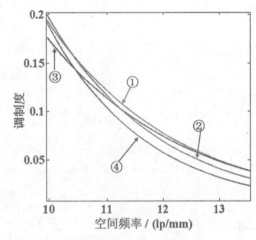
图 5-42　双磁透镜型变像管 MTF 曲线

　　测试结果显示，双磁透镜型时间展宽分幅变像管的空间分辨率较优于单透镜变像管，在相同空间频率情况下，双磁透镜型变像管具有更好的成像质量。根据磁透镜的线圈匝数和激励电流，采用磁透镜的球差公式(5-103 和 5-105)计算，获得单/双磁透镜型时间展宽分幅变像管的球差系数分别为 0.31 和 0.10，该测试计算结果与 5.3.3 节的理论分析基本一致。

　　(2)有效探测区域。

　　在成像比例 2∶1 时(像距与物距之比设置为 2∶1)，单短磁透镜的漏磁缝隙与 MCP 和栅网的距离分别为 166 mm 和 334 mm(激励电流设置为 0.36 A)，双磁透镜分别置于漂移区两端(靠近 MCP 和光电阴极的短磁透镜激励电流分别设置为 0.385 A 和 0.22 A)。

　　单短磁透镜型时间展宽分幅变像管有效探测区域如图 5-43 所示，以光电阴极上的黑点为轴心，在 X 方向上能观测到 ~4.5 个分辨率板图像(每个分辨率板为 3 mm×3 mm 的正方形)，也可以认为分幅变像管的探测到有效离轴距离为 ~13.5 mm(4.5 ×3 mm)的阴极图像，其中可清晰观测到 2 lp/mm 和 5 lp/mm 分辨率板的最大离轴距离为 ~10.5 mm，两种线对分辨率板成像调制度随离轴位置变化的变化过程如图 5-43(b)所示，图中显示成像质量随离轴距离增加而降低，在离轴距离较小时(~4 mm)，2 lp/mm 和 5 lp/mm 的成像调制度分别为 0.32 和 0.16，而离轴距增加到 ~10.5 mm 时，成像调制度分别下降到 0.09 和 0.03。

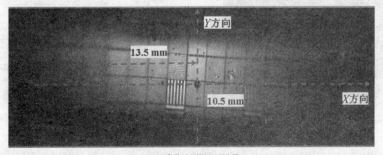
(a)采集的阴极图像

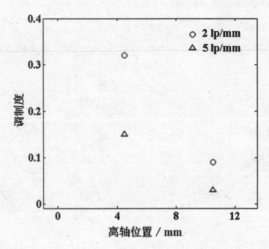

(b)X 方向 2 lp/mm 和 5 lp/mm 成像调制度随离轴位置的变化过程

图 5-43 单短磁透镜型时间展宽分幅变像管的探测区域测试

双短磁透镜型时间展宽分幅变像管有效探测区域如图 5-44 和图 5-45 所示，在 Y 和 X 方向上，MCP 都能探测到光电阴极离轴 22.5 mm 处的 5 lp/mm 和 30 mm 处的 2 lp/mm 分辨率板图像，两种分辨率板图像的成像调制度随离轴位置的变化过程如图 5-44(b) 和图 5-45(b) 所示。Y 方向在离轴 3~22.5 mm 范围内的成像调制度下降较为缓慢，2 lp/mm 的成像调制度从 0.43 下降到 0.25，5 lp/mm 的成像调制度从 0.13 下降到 0.05；而离轴超过 25 mm 后，调制度迅速下降，在离轴 30 mm 处，2 lp/mm 的成像调制度下降到 0.02。而 X 方向与 Y 方向的变化基本一致，在离轴位置超过 25 mm 后，成像质量也迅速下降。

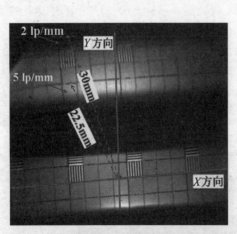

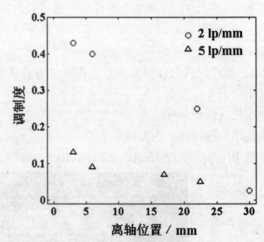

(a)被探测到的阴极图像   (b)2 lp/mm 和 5 lp/mm 调制度随离轴位置的变化过程

图 5-44 双磁透镜型时间展宽分幅变像管在 Y 方向上的有效探测区域

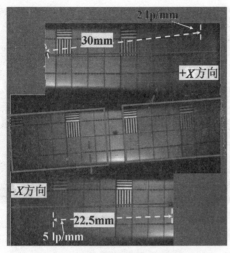
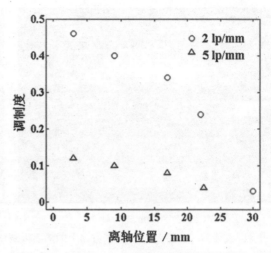

（a）被探测到的的阴极图像　　　　（b）2 lp/mm 和 5 lp/mm 调制度随离轴位置的变化过程

图 5-45　双磁透镜型时间展宽分幅变像管在 X 方向上的有效探测区域

（3）光电阴极磁场变化对变像管空间分辨性能的影响。

在 Y 方向上，双磁透镜型时间展宽分幅变像管的成像随阴极磁场变化如图 5-46 所示，其中（a）~（d）对应的阴极磁透镜的激励电流分别为 0.19 A、0.20 A、0.21 A 和 0.22 A，标识的①和②分别表示距离阴极轴心较近的位置（即离轴~3 mm）和较远的位置（即离轴~ 30 mm）的 2 lp/mm 分辨率板。离轴位置①和②成像调制度随阴极磁透镜激励电流的变化过程如图 5-47 所示，当阴极磁场激励电流为 0.19 A 时，离轴位置②的成像清晰（即最佳调制度），离轴位置①的成像质量较差；随着激励电流的增加，离轴位置②的成像质量逐渐下降，而离轴位置①的成像质量逐渐提升，当阴极磁场激励电流增加到 0.22 A 时，离轴位置①的成像最清晰（即最佳调制度）。阴极激励电流变化的成像结果显示，短磁聚焦型时间展宽分幅变像管中的磁场强度变化会引起不同离轴位置电子成像面的轴向距离变化，当磁场强度减小时，离轴位置较远处的电子成像面更接近 MCP，因此成像更清晰；而当磁场强度增加时，则离轴位置较近的电子成像面更接近 MCP。这种根据磁场，成像面变化的现象与磁透镜场曲理论一致。

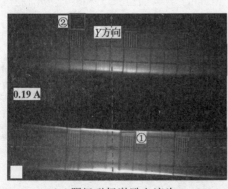
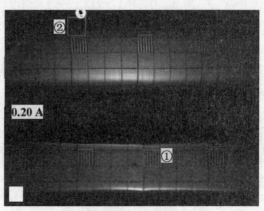

（a）阴极磁场激励电流为 0.19 A　　　　（b）阴极磁场激励电流为 0.20 A

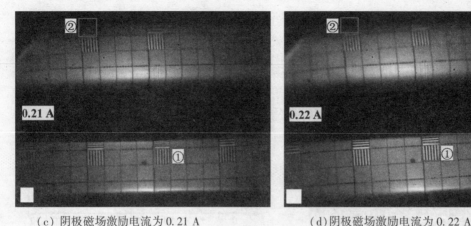

（c）阴极磁场激励电流为 0.21 A　　　　　　　　　　（d）阴极磁场激励电流为 0.22 A

图 5-46　在 Y 方向上的随阴极磁场激励电流变化的空间分辨性能

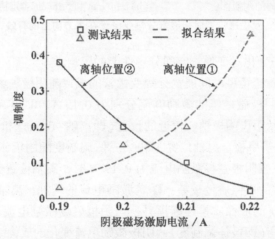

图 5-47　在 Y 方向上随阴极磁场激励电流变化的离轴成像质量

　　在 X 方向上，双磁透镜型时间展宽分幅变像管的成像随阴极磁场变化如图 5-48 所示，图（a）和图（b）分别表示 -X 和 +X 方向，自上至下图像对应的阴极上磁透镜激励电流分别为 0.19 A、0.20 A、0.21 A 和 0.22 A，标记①和④的 2 lp/mm 分别位于距离阴极轴心较近的位置（即离轴～3 mm）和较远的位置（即离轴～30 mm）。离轴位置①和④成像调制度随阴极激励电流的变化过程如图 5-49 所示。由于短磁聚焦型时间展宽分幅变像管内部为轴对称磁场分布，因此场曲对变像管 X 方向上成像质量的影响趋势与 Y 方向基本一致。

　　根据图 5-48 中四个不同离轴位置 2 lp/mm 成像调制度随阴极磁场激励电流变化过程，建立的离轴位置与其成像的阴极磁场激励电流之间的内在联系如图 5-50 所示，其中①～④与图 5-48 中 2 lp/mm 上标注的数字相对应，其成像最清晰时的阴极磁场激励电流分别为 0.22 A、0.21 A、0.20 A 和 0.19 A。通过曲线拟合结果可知像管成像面的二维投影为一抛物线。

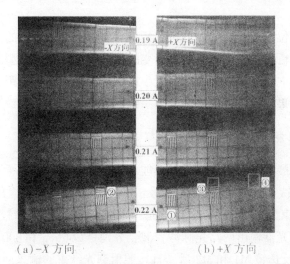

(a) -X 方向　　　　　　　　　(b) +X 方向

图 5-48　在 X 方向上，变像管空间分辨性能随阴极磁场激励电流变化过程

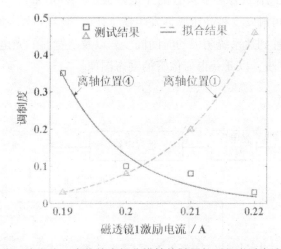

图 5-49　在 Y 方向上，变像管空间分辨性能随阴极磁场激励电流变化过程

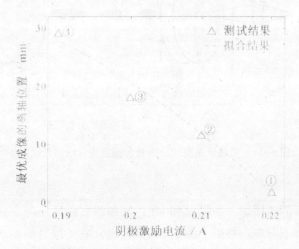

图 5-50　变像管离轴位置与其成像激励电流的变化关系

通过对不同离轴位置处 2 lp/mm 分辨率板成像质量随磁场变化的测试和对离轴位置与其成像磁场关系的分析，在成像比例保持不变的情况下，短磁聚焦型时间展宽分幅变像管离轴距离较大的位置空间分辨性能随磁场减小而逐渐提升，而离轴距离较小的位置则逐渐降低，测试和分析结果与磁透镜场曲理论相一致。

2. 时间分辨性能

短磁聚焦型时间展宽分幅变像管时间性能测试系统如图 5-51 所示，其中激光器为美国 Quantronix 公司的钛宝石飞秒激光器（型号：Integra-HE），最大输出能量为 7 mJ，最窄脉宽为 130 fs；光纤束为 10 ps 或 5 ps 延时光纤束（已在 4.5.3 节中描述）。在测量时间分辨率过程中，飞秒激光器输出两路光脉冲，波长分别是 266 nm 和 800 nm，其中 266 nm 紫外光脉冲通过 45°全反透镜 M1 和 M2 后，直接照射到光纤束的输入面上，然后通过平行光管（L_1 和 L_2）将光纤束图像成像在变像管的光电阴极上；800 nm 红光脉冲照射 PIN 光电转换探测器，产生一个可触发皮秒高压脉冲发生器工作的同步信号。通过调节延时单元，使光纤束图像与展宽脉冲到达系统阴极的时间同步，以及展宽后的光电子信号与选通脉冲到达 MCP 微带的时间同步，以此获得变像管的动态图像。

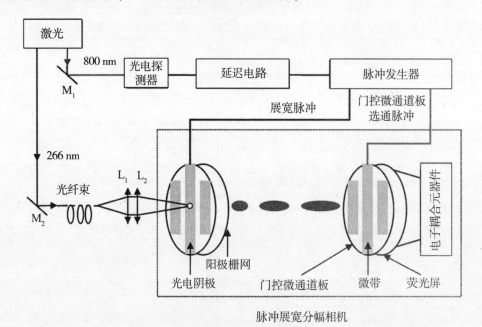

图 5-51　短磁聚焦型施加展宽分幅变像管动态测试系统

（1）测试方案。

首先，测量微带静态图像。在阴极和 MCP 仅加载直流高压时，获得入射信号在微带上的静态图像及其静态分布；然后，测量 MCP 选通分幅变像管的动态图像。保持阴极和 MCP 加载直流高压的同时，在 MCP 上加载一个选通脉冲，通过调节延时单元，使未展宽的光电子信号和选通脉冲到达 MCP 微带的时间同步，以此获得 MCP 行波选通分幅变像管的动态图像及其动态分布；最后，测量短磁聚焦时间展宽分幅变像管的动态图像。在 MCP 行波选通分幅变像管动态测试基础上，将展宽脉冲加载至阴极，通过调节电路延时，使光纤束图像与展宽脉冲到达阴极，以及展宽后的光电子信号与选通脉冲到达 MCP 微带的时间同步，以此获得时间展宽分幅变像管的动态图像及其动态分布。在获得动态图像及其动态分布后，将图像的动态分布和静态分布进行归一化处理，以此消除光脉冲的空间不均匀性对测量的影响，再根据光纤点之间的时间延迟差，把归一化后的动态图像光强空间分布换算成时间分布，从而获得变像管的时间分辨率(或曝光时间)。

（2）阴极展宽脉冲为 2.7 V/ps 的时间分辨性能。

MCP 选通脉冲和阴极展宽脉冲如图 5-52 和图 5-53 所示，MCP 选通脉冲的脉冲幅值为-1.5 kV，半高宽为 ~220 ps；阴极展宽脉冲的幅值从 0 V 上升到 1.4 kV 的时间为 ~1.6 ns，其中上升最快部分如图 5-53(b)所示，该部分脉冲的幅值从 0 V 上升到 0.6 kV 的时间为 ~500 ps，最快上升斜率为 ~2.7 V/ps。

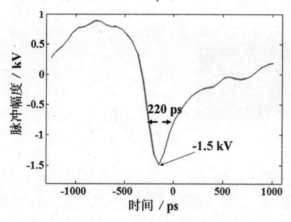

图 5-52　MCP 选通脉冲参数

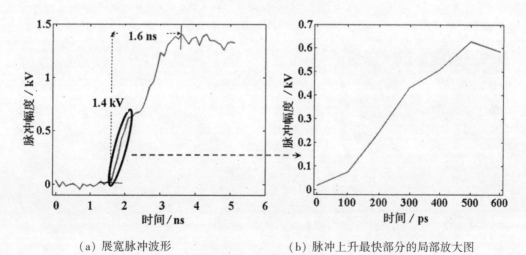

（a）展宽脉冲波形　　　　　　　（b）脉冲上升最快部分的局部放大图

图 5-53　阴极展宽脉冲参数

10 ps 光纤束静态图像、未加载阴极展宽脉冲的动态图像(仅加载 MCP 选通脉冲)和时间展宽分幅变像管动态图像(同时加载 MCP 选通脉冲和阴极展宽脉冲)分别如图 5-54 至图 5-56 所示,采用 4.4 节所述的方法,将归一化的动态图像光强空间分布换算成时间分布,图 5-55 和 5-56 的动态图像增益曲线的半高宽分别为 ~105 ps 和 11 ps,即 MCP 选通分幅变像管和时间展宽分幅变像管的时间分辨率。

图 5-54　时间展宽分幅变像管的静态图像

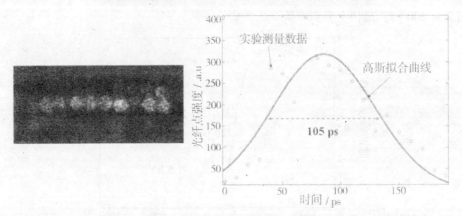

图 5-55　加载 MCP 选通脉冲的动态图像及其时间分辨率(未加载阴极展宽脉冲)

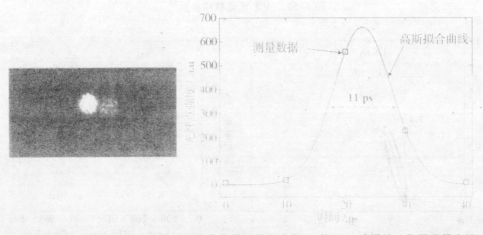

图 5-56　时间展宽分幅变像管动态图像及其时间分辨率(加载 MCP 选通脉冲和阴极展宽脉冲)

（3）动态空间分辨率

采用辨识动态图像栅网的方法，结合栅网空间频率及其成像调制度，标定短磁聚焦型时间展宽分幅变像管的动态空间分辨率。通过栅网成像标定变像管空间分辨率的方法，在飞秒条纹变像管的研究中已经提出。文献［242］中，冯军等研究者将图像中能辨识的相邻栅网间距定义为像管的空间分辨率，即栅网的空间频率。根据像管调制传递函数的定义，在相同空间分辨率的情况下，调制度越大，像管成像质量越好，因此可将栅网成像调制度作为标定像管动态空间分辨率的补充。栅网图像调制度 M 计算如公式（5-112）所示，其中 I_{max} 为相邻栅网之间的最大强度，I_{min} 为最小强度。在标定动态空间分辨率时，首先观测动态图像中强度最大光纤点内的栅网图像，根据栅网空间频率为标定动态空间分辨率；然后，在能辨识栅网的区域内，绘制一条垂直于栅网的直线，并建立直线上像素点位置与其强度之间的内在联系；最后，将相邻像素点强度的最大值和最小值带入公式（5-112），计算栅网图像的调制度。

$$M = \frac{I_{max} - I_{min}}{I_{max} + I_{min}} \times 100\% \tag{5-112}$$

单/双短磁透镜型时间展宽分幅变像管的动态空间分辨率分别如图 5-57 和图 5-58 所示。在图像中可辨识出栅网，由于栅网的空间频率为 10 lp/mm，因此可标定像管动态空间分辨率优于 100 μm（或 10 lp/mm）；在图内垂直于栅网的直线像素点强度与其位置之间的内在联系如图 5-57（b）和图 5-58（b）所示，其中波谷位置为栅网，相邻波谷间距为栅网间距。将图中相邻像素点强度的最大值和最小值带入公式（5-112），单/双短磁透镜型时间展宽分幅变像管的栅网成像调制度分别为～11% 和～16%。

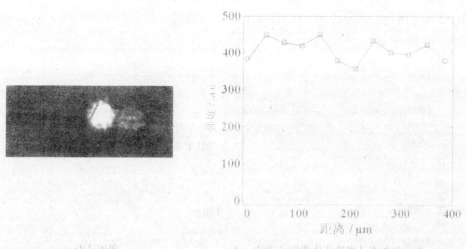

（a）动态图像　　　　　　（b）直线上的像素点强度与距离的关系

图 5-57　单磁透镜型时间展宽分幅变像管的动态空间分辨率

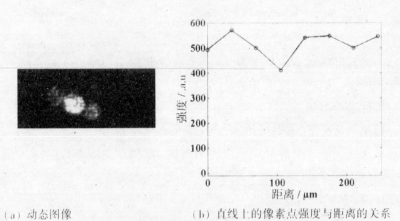

（a）动态图像 （b）直线上的像素点强度与距离的关系

图 5-58 双磁透镜型时间展宽分幅变像管动的态空间分辨率

（4）影响时间分辨特性的相关因素

时间展宽分幅变像管的时间分辨率与阴极加载电压值、展宽脉冲斜率、光电子漂移距离和 MCP 分幅变像管时间分辨率 4 个参数有关，在不考虑光电子漂移距离的情况下，其他 3 个参数对时间分辨性能的影响如下所述。

半高宽较窄的 MCP 选通脉冲如图 5-59 所示，其中脉冲半高宽为 180 ps，幅值为 -1850 V。选取该脉冲的上升沿为展宽脉冲，最快的上升斜率为 ~6 V/ps，当阴极电压设置为 -2000 V 时，采用 5 ps 延时光纤束测量的加载展宽脉冲前后的分幅变像管动态图像分别如图 5-60 和图 5-61 所示，测量获得的时间分辨率分别为 82 ps 和 5 ps。在此情况下，阴极电压和展宽脉冲斜率对时间分辨率的影响分别如图 5-62 和图 5-63 所示，当阴极电压提高到 -3000 V 时，时间分辨率下降到 ~8.5 ps，而将展宽脉冲斜率减小到 3 V/ps 时，时间分辨率下降到 ~9 ps。

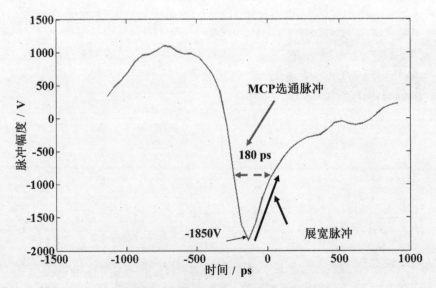

图 5-59 半高宽 180 ps 的 MCP 选通脉冲

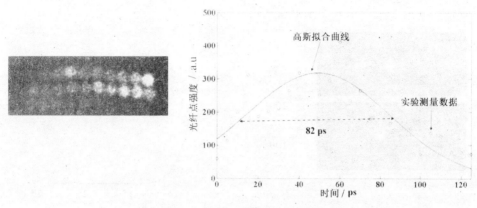

图 5-60　未加载展宽脉冲的动态图像和时间分辨率

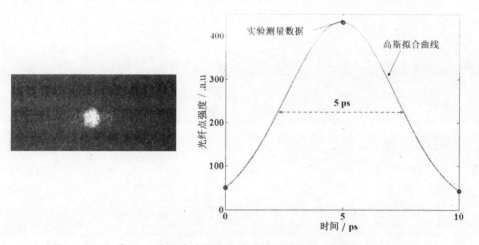

图 5-61　加载 MCP 选通脉冲和展宽脉冲的时间分辨(选通脉冲半高宽 180 ps，
阴极电压-2000 V，展宽脉冲斜率 6 V/ps)

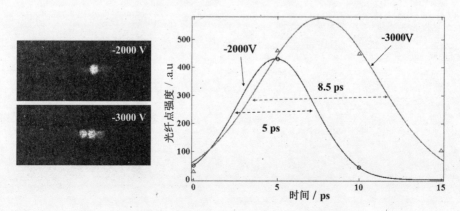

图 5-62　阴极加载电压对时间分辨性能的影响

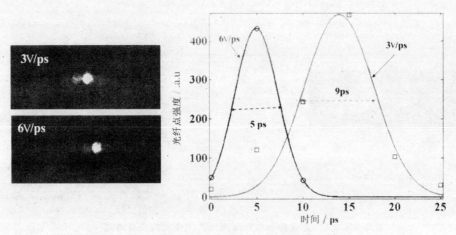

图 5-63　展宽脉冲斜率对时间分辨性能的影响

5.4.3　分幅相机性能比较

对比国内外 2 种类型的时间展宽分幅相机，美国的 DIXI 具有更大的探测区域，我国的短磁聚焦型时间展宽分幅变像管具有更好的近轴空间分辨率。两者在结构和设计上有 2 方面区别：一是成像系统不同，DIXI 采用磁场强度较大的近似均匀磁场的长磁聚焦成像系统，而我国则采用磁场强度较小的短磁透镜成像系统；二是系统的成像比例不同，DIXI 采用电子图像的成像比例为 3∶1，我国则采用电子图像 1∶1 或 2∶1 的成像比例。此外，在相机的时空分辨性能测试上也有所区别：一是在空间分辨性能方面，美国的 DIXI 根据磁场强度和阴极电子逸出功，采用四倍拉莫半径(Larmor radius)的方法估算系统空间分辨率，并采用金字塔式探针方法测试；而我国在静态空间分辨性能方面，采用 2 号分辨率板测试系统空间分辨率，采用刻画有分辨率板的大面积阴极通过缩小成像的方式测试相机有效探测区域，在动态空间分辨率测试方面，采用栅网条纹观测和调制度相结合的方法进行估算。二是时间分辨性能测试方面，美国的 DIXI 采用激光扩束法，测量相机时间分辨率；我国为了降低实验中的激光脉冲和电脉冲触发抖动产生的测量误差，采用具有不同延时时间的光纤束法(包含 30 根光纤)测量时间分辨性能，通过一次测量(即一幅动态图像)就能获得像管的时间分辨率和动态空间分辨率。

表 5-2　分幅相机性能参数对比

分幅相机型号	MCP 行波选通	DIXI	短磁聚焦型
成像方式	近贴聚焦	匀强磁场	轴对称磁场
成像比例	1∶1	1∶3	1∶2
阴极材质	Au	CsI	Au
脉冲展宽倍率	无	~17 倍	~16 倍

表 5-2(续)

分幅相机型号	MCP 行波选通	DIXI	短磁聚焦型
时间分辨率	80~100 ps	~4.5 ps	~5 ps
空间分辨率	~50 μm	<280 μm	<200 μm
阴极有效探测区域	MCP 的尺寸	直径 120 mm	直径 45 mm

第6章 变像管分幅相机应用及展望

6.1 在惯性约束聚变中的应用

目前，X 射线行波选通分幅相机在激光惯性约束聚变等离子体研究中已成功应用，特别在拍摄聚变内爆运动方面。美国研究者采用四通道 MCP 行波选通分幅相机与 16 针孔成像系统相结合，在 OMEGA 激光驱动器上，通过直接驱动的方式，获得热斑内爆"运动"瞬态过程的 X 射线针孔成像如图 6-1 所示，在整个热斑内爆"运动"瞬态过程（即激光辐照靶壳初期到热斑形成过程）中，每幅针孔图像的时间分辨率为 ~50 ps，相机的四条 MCP 微带能记录的瞬态时间长度为 ~3.2 ns。我国研究者采用单弯曲微带的四通道 MCP 行波选通分幅相机与 12 针孔成像系统相结合，在"神光Ⅱ"激光驱动器上，通过间接驱动方式，获得的惯性约束聚变内爆"运动"过程的 X 射线针孔成像如图 6-2(a)所示，采集的针孔图像时间分辨率为 60 ~100 ps，单弯曲形式的四条 MCP 微带能记录的瞬态时间长度为 ~1.5 ns。而在相同记录时间长度下，采用独立微带四通道 MCP 行波选通分幅相机与 16 针孔成像系统相结合，在"神光Ⅱ"激光驱动器上获取的惯性约束聚变内爆"运动"瞬态过程如图 6-2(b)所示。

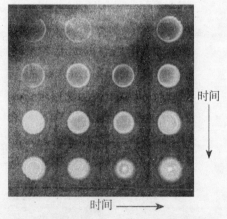

图 6-1 美国 OMEGA 激光驱动器上的内爆"运动"为 3.2 ns 的瞬态过程

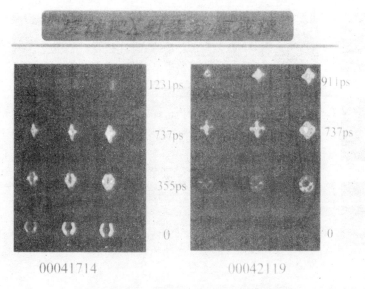

00041714　　　　　　　　00042119

(a) 12 分幅图像

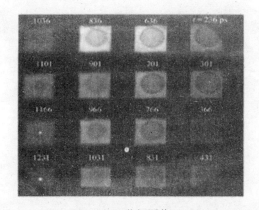

(b) 16 分幅图像

图 6-2　中国神光"Ⅱ"激光驱动器上的内爆"运动"为 1.5 ns 的瞬态过程

　　相对于 MCP 分幅相机, 时间展宽分幅相机是近年来才逐渐发展起来的具有 10 ps 时间分辨率的超快诊断工具, 国内外研究者对时间展宽分幅相机也展开了一系列的诊断实验研究。美国 LLNL 的研究者采用 DIXI 时间展宽分幅相机与针孔成像系统相结合, 在 NIF 激光驱动器上拍摄"内爆"运动瞬态图像如图 6-3 所示, 每幅图像的时间分辨率可达到 ~10 ps, 但是由于受限于相机结构和针孔尺寸, 采集的图像相对比较模糊, 空间分辨率较差。我国深圳大学的研究者采用如图 6-4(a) 所示的双短磁透镜型时间展宽分幅相机在大型激光器驱动下, 采集的 X 射线微带图像静态和动态图像分别如图 6-4(b) 和 (c) 所示, 相机的时间分辨率达到 ~9.8 ps。

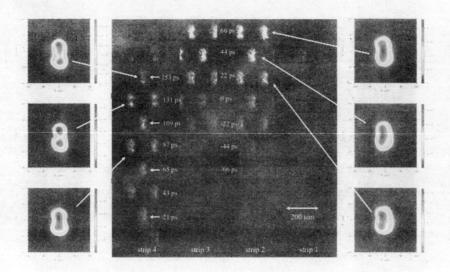

图 6-3 美国的 DIXI 在 NIF 激光器上拍摄的内爆运动瞬态过程

(a) 双短磁透镜型时间展宽分幅相机

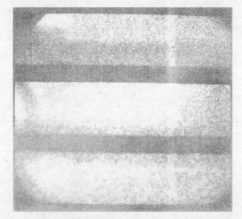

(b) X 射线微带静态图像

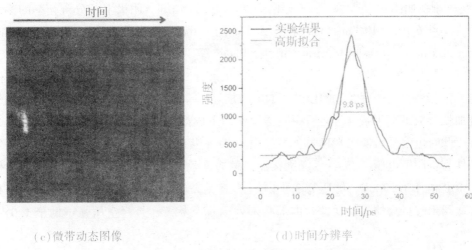

(c)微带动态图像   (d)时间分辨率

图6-4 深圳大学研制的双短磁透镜型时间展宽分幅相机应用

6.2 观测莫尔条纹的应用实例

"莫尔效应"(Moiré Effect)是一种光学相干现象，也称为莫尔条纹，通常指 2 个或 2 个以上具有一定周期性频率结构相互叠合时，两结构之间产生频率相干，呈现与原结构不同的低空间频率条纹现象。

1874 年，瑞利首次发现了光学莫尔条纹现象，并描述了其基本特性，并指出可将莫尔条纹用于光栅质量的检验。1993 年，日本研究者 Kishimoto 等采用扫描电子显微镜，第一次观测到电子束莫尔条纹。此外，在显像管和扫描变像管领域也有关于电子束莫尔条纹的报道，近年来国内研究者采用短磁聚焦型时间展宽分幅变像管也观测到类似的莫尔条纹，这对时间展宽分幅变像管的拓展应用奠定了良好的基础。

6.2.1 变像管电子束莫尔条纹产生系统

采用短磁聚焦型时间展宽分幅变像管观察电子束莫尔条纹的测试装置如图 6-5 所示，其中短磁聚焦型时间展宽分幅变像管由微带光电阴极(photocathode，PC)、栅网(anode mesh，AM)、短磁透镜(magnetic lens，ML)、光电子漂移区(Drift Space)、微通道板(MCP)和荧光屏(phosphor screen，PS)6 个部分组成。变像管的漂移区长为 500 mm，光阴极类型为透射式，每条微带光阴极宽为 8 mm，由紫外光刻法刻蚀空间分辨率板，每个分辨率板单元是 2 mm×2 mm 的小方格，在基本单元方格内，刻有空间频率分别为 5、10、15、20……直到 40 lines·mm 的刻线。栅网是采用镍材质的平面方格网状结构，空间频率为 20 lines·mm，将栅网安装在可调角度的支架上，通过灵活调节，栅网可绕变像管的轴线旋转一定角度。光电阴极与栅网之间的加速距离为 3 mm，在光学显微镜下，栅网和 20 lines mm 分辨率刻线如图 6-6 所示，测得栅网的间距为 51.5 μm，阴极上各分辨频率的刻线节距分别为 106.6 μm（10 lines/mm）、67.5 μm（15 lines/mm）、51.1 μm（20 lines/mm）、40.4 μm（25 lines/mm）和 34.2 μm（30 lines/mm）等。产生莫尔条纹的基本原理是：当紫外灯(UV)照射在光电阴极微带上，其镀金部分(狭缝)因光电效应产生相应于刻线空间分布的电子束阵列，电子束经过阴栅之间的电压加速区，投射到栅网上，两种空间周期性结构的叠加就形成了莫尔条纹，然后在磁透镜作用下成像于 MCP 上，经过电子倍增后轰击荧光屏，此时电信号转换成光信号，最终由 CCD 采集输出图像。观测电子束莫尔条纹的测试条件为：阴极电压-3.5 kV，栅网接地，磁透镜激励约为 550 AT，电子光学放大倍率~3×，MCP 电压为-700V，屏压为 3.4 kV，为避免高压状态下，变像管阴栅间、MCP 和荧光屏之间出现打火情况，变像管内部必须处于真空状态，且真空压强不低于 1.0×10^{-3} Pa。

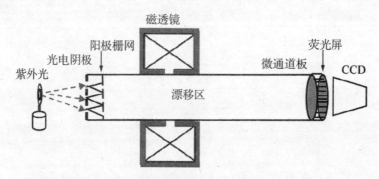

图 6-5　变像管电子束莫尔条纹的测试装置示意图

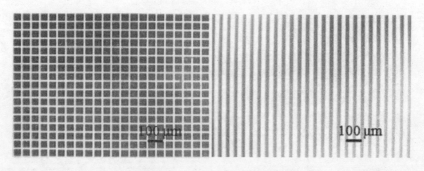

（a）20 lines/mm 的栅网　　　（b）光电阴极上 20 lines/mm 分辨率刻线

图 6-6　光学显微镜下的图像

6.2.2　电子束莫尔条纹观测结果

采用上述电压和磁聚焦激励参数，变像管的成像如图 6-7 所示，可在采集的图像中观测到 20 lines/mm 的栅网图像和部分光电阴极的分辨率图案。两个相邻分辨率板方格边上存在能够区分空间频率的"黑点"标识，一个"黑点"表示为 5 lines/mm，每增加一个黑点，空间频率就增加 5 lines/mm。采集的图像具备 2 个重要特征：一是空间频率为 5 lines/mm 和 10 lines/mm 方格区垂直于边界的条纹是光电阴极上固有的刻线；二是在空间频率为 15 lines/mm 和 20 lines/mm 的方块区内呈现出斜条纹现象，这种条纹不是光电阴极上的固有刻线，而是一种具有低空间频率特性的条纹。

空间频率为 20 lines/mm 方格区内（四个"黑点"标识）的局部放大如图 6-7(b) 所示。为了验证该斜线条纹属于电子束莫尔条纹，必须分析条纹周期随栅网与光电阴极刻线夹角变化的关系，分析过程如下所示：

首先，设置一个参考方向，例如图(b)中白色箭头所代表的方向；

然后，确定栅网的转角 θ，为栅网格上某一给定方向与参考方向的夹角，其取值范围是 $(-\pi/2, \pi/2)$，逆时针为正，顺时针为负；

最后，根据莫尔效应理论，莫尔条纹周期 P_m 可如公式(6-1)所示，其中 P_r 为参考栅（阴极刻线）的节距；P_s 为样品栅（栅网）的节距。

$$P_m = \frac{P_r P_s}{\sqrt{P_r^2 + P_s^2 - 2P_r P_s \cos\theta}} \tag{6-1}$$

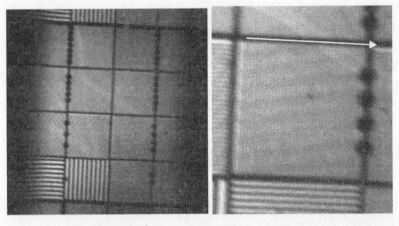

    (a)采集的阴极图像   (b)20 lines/mm 单元的放大图像

图 6-7　变像管获取电子束莫尔条纹实验

采用旋转调节装置，将栅网绕变像管轴线旋转，通过改变栅网转角 θ，采集不同阴极和栅网夹角下的 20 lines/mm 和 15 lines /mm 单元区内的条纹图像，并通过"莫尔理论"分析莫尔条纹的周期，测量结果分别如图 6-8 和图 6-9 所示，图中实线是根据公式(6-1)拟合的曲线。分析结果显示：测量与理论计算结果相吻合，从而证明了所采集的图像，属于光电阴极刻线与栅网线之间形成的电子束莫尔条纹。

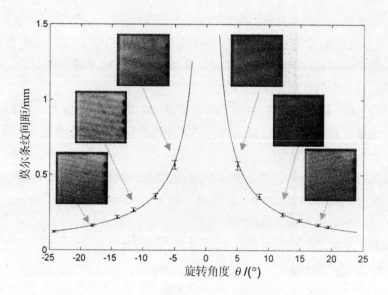

图 6-8   20 lines/mm 单元区内莫尔条纹周期与旋转角 θ 的关系

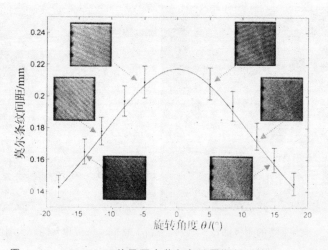

图 6-9   15 lines/mm 单元区内莫尔条纹周期与旋转角 θ 的关系

上图中电子束莫尔条纹周期变化规律显示，光电阴极上的刻线与栅网之间的夹角越小，电子束莫尔条纹呈现越稀疏的现象。当两者之间的夹角是 0° 的时候，采集的图像如图 6-10 所示。图中 20 lines/mm 单元区内未能观测到电子束莫尔条纹现象，即可认为电子束莫尔条纹周期已趋于无穷大，这是由于栅网节距与空间频率为 20 lines/mm 的刻线节距非常接近引起的。然而，在空间频率为 15 lines/mm 和 25 lines/mm 单元区内，则各出现了一组条纹(图中黑色箭头所指)，这两组条纹并不是光电阴极本身的空间频率刻线，而是该空间频率的光电阴极刻线与栅网线之间产生的干涉效应，也可称为纵向电子束莫尔条纹。为证实这种莫尔条纹，通过测量两组条纹的周期，根据测量结果 P_m，栅网节距值 P 和公式 (6-1)，计算出来的参考栅节距 P_s 值见表 6-1，与这两个空间频率区域刻线的显微镜测量值相比，二者吻合度非常高，相对误差不超过 1.0%。

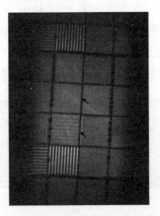

图 6-10　光电阴极和栅网夹角为 0°时的图像

表 6-1　15 lines/mm 和 25 lines/mm 单元区内刻线节距的理论计算与实验测量值

空间频率区域	P_m	刻线节距理论值	刻线节距测量值	相对误差的绝对值
15 liens/mm	0.224 mm	66.9 μm	67.5 μm	0.9%
25 liens/mm	0.197 mm	40.8 μm	40.4 μm	1.0%

　　通过分幅变像管获得的电子束莫尔条纹还存在另一个特点：随着光电阴极和栅网之间的夹角增大，20 lines/mm 单元区内的莫尔条纹逐渐变密，这一特性导致了在某些角度下由于条纹周期很小，以致无法观测到电子束莫尔条纹。当光电阴极和栅网的夹角为 -46.6°时，采用 550 AT 和 560 AT 的短磁透镜激励获取的图像如图 6-11 所示，其中短磁透镜激励为 550 AT 时，未能在 20 lines/mm 单元区内观测到电子束莫尔条纹，而将短磁透镜激励增加至 560 AT 时，则能够观测到一组相对较宽间距的电子束莫尔条纹。

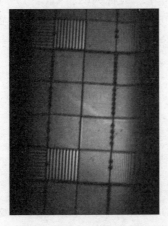　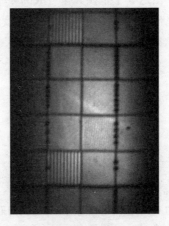

　　（a）短磁透镜激励为 550 AT　　　　　（b）短磁透镜激励为 560 AT

图 6-11　光电阴极和栅网的夹角为 -46.6°时采集的图像

当光电阴极和栅网的夹角从−39.5°至−50.6°变化时，采集的 20 lines/mm 单元区内的图像如图 6-12 所示，图中可观测到莫尔条纹疏密程度随夹角变化的规律，特别是夹角接近−45°，莫尔条纹条纹取向也接近该处阴极刻线的方向，考虑到栅网具有二维周期性结构，这应该是栅网两个相互垂直的分量与光电阴极刻线结构共同参与叠加的结果。

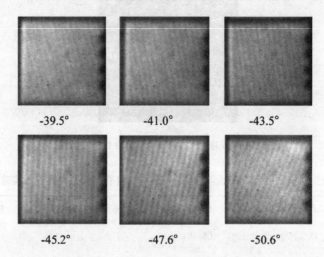

-39.5°   -41.0°   -43.5°

-45.2°   -47.6°   -50.6°

图 6-12   阴栅夹角−39.5°~−50.6°时的 20 lines/mm 单元区内的电子束莫尔条纹条纹(短磁透镜激励为 560 AT)

光电阴极刻线与栅网二维结构之间形成的莫尔条纹可通过空间频率分析法进行解释。在频率系统中，任何一个空间频率都可与一个矢量 f 相对应，矢量 f 在极坐标系下可以表示为(f, α)，其中 α 为矢量方向，f 为该方向上的频率值。如图 6-13(a) 所示，建立 X 轴和 Y 轴分别与参考方向和 20 lines/mm 单元区刻线方向相平行，因此这也使得 X 轴与光电阴极刻线的频率矢量方向相一致。图中 P_1 和 P_2 分别表示栅网上两个相互垂直的空间频率矢量方向。P_1 与 X 轴夹角即为旋转角 θ，f 为刻线的基频矢量，$-f_1$ 和 $-f_2$ 则为栅网的两个基频矢量。最终，由这 3 个基频矢量合成的频率矢量 f'，或称为$(1, -1, -1)$- moiré。当$| \theta |$ < 45°时的理论结果如图 6-13(b) 所示，将该电子束莫尔条纹周期和取向角的理论值与测量值相比较，统计结果见表 6-2 和表 6-3，两项测量结果均与理论分析相吻合。

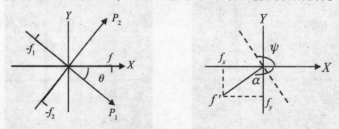

(a)电子束莫尔条纹空间频率   (b)电子束莫尔条纹的方向

图 6-13   阴极刻线与栅网二维结构间形成的电子束莫尔条纹空间频率和条纹方向

表 6-2　电子束莫尔条纹周期的理论与测量值

栅网旋转角	条纹周期理论值	条纹周期测量值	相对误差绝对值
-39.5°	0.119 mm	0.117 mm	1.7%
-41.0°	0.122 mm	0.120 mm	1.7%
-43.5°	0.123 mm	0.126 mm	2.4%
-45.2°	0.123 mm	0.129 mm	4.7%
-46.6°	0.123 mm	0.123 mm	0%
-47.6°	0.121 mm	0.122 mm	0.8%
-50.6°	0.119 mm	0.121 mm	1.7%

表 6-3　电子束莫尔条纹取向角的理论值与测量值

旋转角	条纹取向角理论值	条纹取向角测量值	误差的绝对值
-39.5°	108.4°	107.4°	1.0°
-41.0°	103.5°	100.8°	2.7°
-43.5°	95.1°	96.9°	1.8°
-45.2°	89.3°	88.2°	1.1°
-46.6°	84.5°	82.5°	2.0°
-47.6°	81.2°	79.5°	1.7°
-50.6°	71.3°	68.5°	2.8°

　　以上研究结果是利用短磁聚焦型时间展宽变像管观测光电阴极刻线与栅网之间形成的各种电子束莫尔条纹。与光学的莫尔效应相似，通过变像管中的电子束莫尔条纹可以检验线栅(例如阴极分辨率板刻线)的质量。由于采集的电子束莫尔条纹能够同时记录栅网图像，因此可以测量阴极分辨率板刻线与栅网之间的夹角，也就是说如果知道了栅网节距就可以实现对阴极分辨率板刻线空间频率的测量。当两栅夹角接近45°时，可通过调节短磁透镜激励获取基于栅网二维空间结构的电子束莫尔条纹，并可以根据该电子束莫尔条纹特征分析和评估栅网质量(例如平整度等信息)。与此同时，为提高电子束莫尔条纹测量的精确度，必须提高变像管系统硬件的稳定性、校正系统像差、提升空间分辨性能，并开发相应软件以便准确提取电子束莫尔条纹参数。

　　通过系统提升后，电子束莫尔条纹方法有望应用于微小电荷或弱磁体的测量，开发电子束莫尔偏折计。将微小带电体或弱磁体置于阴栅加速带之间，理论上入射电子束方向上的任何变化都将造成电子束莫尔条纹产生位移，因此根据条纹的移动情况测量场强大小。此外，若用紫外飞秒激光脉冲替代普通紫外灯，并在阴极和 MCP 上分别加载斜坡电脉冲和高电压短脉冲，则变像管工作在动态模式下，可实现光电子图像的超快选通。由于电子脉冲的动态变化过程能被相机记录，因此分析电子束莫尔条纹特征的变化也有望实现电子脉冲的实时诊断。

6.3 测量皮秒超快脉冲的应用实例

时间展宽分幅变像管的时间分辨性能与阴极电压、展宽脉冲斜率、漂移区长度和 MCP 分幅变像管时间分辨率 4 个因素密切相关，其数学表达式如公式（6-2）所示，其中 T_{tube} 和 T_{MCP} 分别为时间展宽和 MCP 分幅变像管的时间分辨率，L 为漂移区长度，Φ 为加载在阴极上的直流电压，γ 为加载在阴栅间的展宽脉冲斜率，w_p 为电子束的初始时间宽度，η 为电子的荷质比。根据时间分辨性能的数学描述，在漂移区长度 L 和 MCP 分幅变像管时间分辨率 T_{MCP} 不易发生改变的情况下，变像管的时间分辨率 T_{tube} 受到阴极电压 Φ 和展宽脉冲斜率 γ 影响显著，并随阴极直流电压变小和展宽脉冲斜率变大而逐渐获得提升。

$$T_{tube} = \frac{T_{MCP}}{1 + (\frac{L}{\sqrt{2\eta(\Phi - \gamma w_p)}} - \frac{L}{\sqrt{2\eta\Phi}})w_p} \tag{6-2}$$

在测量时，为了获取系统的最快时间分辨率，通常采用激光脉冲同步在展宽脉冲上升沿不同位置的方法进行最优时间分辨率筛选。在研究中，研究中根据激光脉冲同步在展宽脉冲不同位置的时间分辨率，通过理论和实验分析了采用时间展宽分幅变像管测量皮秒上升脉冲的可行性。

6.3.1 理论分析

加载在阴栅加速带之间的展宽脉冲波形如图 6-14 所示，其中 U_i 和 U_{i+1} 分别是脉冲上升沿具有 Δt 时间间隔的两个脉冲幅值，γ_i 为 Δt 时间间隔内的脉冲上升斜率。由于阴极加载的是负直流高压，因此展宽脉冲是一个具有一定上升斜率的正脉冲。考虑到在技术上很难实现线性上升波形的皮秒级展宽脉冲，所以通常展宽脉冲任意两个时间间隔的上升斜率都有可能不同，使脉冲上升波形呈现非线性特性。

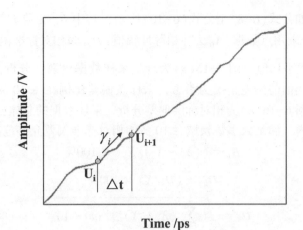

图 6-14 常用展宽脉冲波形图

根据变像管时间分辨率公式(6-2)，如果已知激光脉冲同步在某个位置 i 的阴极电压 U_i 和时间分辨率 T_i，那么就可以推导出 Δt 时间间隔内的展宽脉冲斜率 γ_i 和下一个阴极电压 U_{i+1}，分析方法如公式(6-3)~(6-7)所示，其中 Φ_i 为加载在阴极上的电压，M_i 为 Δt 时间间隔内的展宽倍率[265]。

$$\gamma_i = (\Phi_i - \frac{L^2}{2\eta((M_i - 1)\omega_p + t_i)^2})/\omega_p \tag{6-3}$$

$$U_{i+1} = U_i + \gamma_i \Delta t \tag{6-4}$$

$$M_i = T_{MCP}/T_i \tag{6-5}$$

$$\Phi_i = \Phi - U_i \tag{6-6}$$

$$t_i = L/\sqrt{2\eta\Phi_i} \tag{6-7}$$

采用公式(6-2)~(6-7)，以时间间隔步长 Δt 等于 50 ps 为参考，时间展宽分幅变像管测量展宽脉冲形状及其上升沿时变幅值的理论分析结果如图 6-15 所示，相对原始展宽脉冲的上升时间和幅值，理论逼近的展宽脉冲呈现三种典型情况：图(左)为负偏差(模拟值小)、图(中)为正偏差(模拟值大)和图(右)为逼近(模拟误差小)。

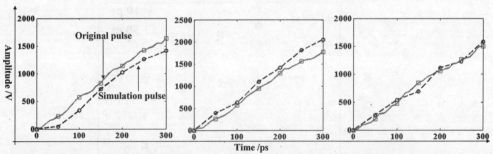

图 6-15 展宽脉冲的三种典型理论分析结果：(左)负偏差；(中)正偏差；(右)逼近；

为了验证理论分析结果的可信度，以初始幅值为 0 V，随机展宽斜率为(0~10 V/ps)的 10000 条展宽脉冲为采样对象，通过计算采样点与原始脉冲幅值的偏差比例，分析采样数据离散性；采用相对标准偏差理论，分析采样数据的精度和准确度。离散性分析和相对标准偏差计算方法如公式(6-8)至公式(6-10)所示，其中 R_D 为第 i 个采样与原始数据偏差比例，X_i 为第 i 个采用点数据，X_0 为原始脉冲幅值，D_{RS} 为相对标准偏差，D_S 为标准偏差，$\bar{X}$ 为模拟数据的算术平均值。图 6-16(a) 为理论采样数据离散性分析，以图 6-15 中理论采样点与原始脉冲幅值的偏差情况为参考，采样点偏差比例在 ±10% 区域内，且分布形式类似正态分布；图 6-16(b) 为相对标准偏差分析，采样数据的总体相对标准偏差基本保持在 ±5.8% 区域内，满足大多数领域 ±10% 的相对标准偏差允许范围。

$$R_D = ((X_i - X_o)/X_o) \times 100\% \tag{6-8}$$

$$D_{RS} = (D_S/\bar{X}) \times 100\% \tag{6-9}$$

$$D_S = \sqrt{(\sum_i^n (X_i - \bar{X})^2)/(n-1)} \tag{6-10}$$

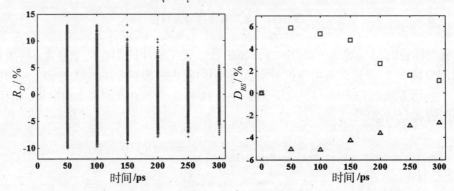

（a）模拟与原始脉冲幅值的偏差比例　　　（b）模拟数据的总体相对标准偏差

图 6-16　采样数据理论分析

根据展宽脉冲的采样数据分析结果，分幅变像管测量脉冲幅值存在一定误差范围的主要原因是计算步长 Δt 的精度，以 10 ps 和 50 ps 的 Δt 分别进行采样分析的相对标准偏差对比如图 6-17 所示，随 Δt 的精度提高到 10 ps，采样数据的相对标准差降低至 ±1.9%。由此可见，测量精度随 Δt 减小而提升。

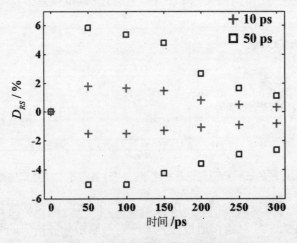

图 6-17　不同时间步长的测量精度分析

6.3.2　实验测试

展宽脉冲波形和幅值测试系统如图 6-18 所示，主要包括短磁聚焦型时间展宽分幅变像管（漂移区长度为 500 mm），10 ps 延时光纤束（30 根光纤组成），平行光管成像系统（L_1 和 L_2），飞秒激光器（Laser），光电探测器（PIN），高压脉冲发生器（输出 MCP 选通脉冲和阴栅之间的展宽脉冲）和延时单元（Dleay circuit）等几个部分。要获得测试结果，必须通过调节延时单元实现延时光纤束图像和电脉冲传输的 2 种同步：一是延时光纤束图像和展宽脉冲（PC excitation pulse）到达光电阴极（PC）的时间同步；二是通过漂移区后的延时光纤束图像和 MCP 选通脉冲（MCP gating pulse）到达 MCP 的时间同步。加载在阴栅加速带之间的展宽脉冲波形如图 6-19 所示，脉冲幅值从 0 V 上升到 1.4 kV 的时间为 1.6 ns，上升沿最快的脉冲段如图 6-19(b) 所示，该脉冲段的上升呈现出非线性，脉冲幅值从 0 V 上升到 600 V 的时间为 500 ps。此外测试时阴极加载的负直流高压为 −3 kV，展宽脉冲在同轴传输线中的传输速率为 62.5 ps/mm。

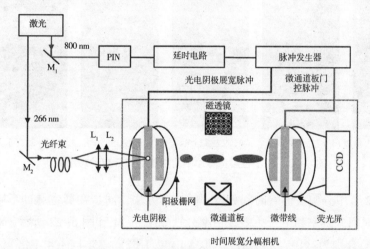

图 6-18　展宽脉冲波形测试系统

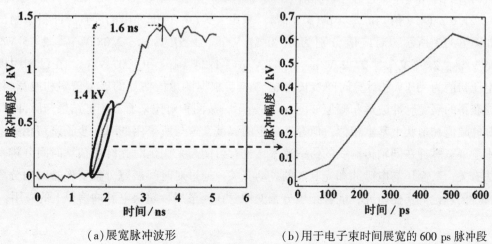

（a）展宽脉冲波形　　　　　　　（b）用于电子束时间展宽的 600 ps 脉冲段

图 6-19　加载在阴栅加速带之间的展宽脉冲

通过调节延时单元，测试的 10 ps 延时光纤束图像同步在整个展宽脉冲[图 6-20(b)]的过程如图 6-20 所示，其中相邻图像之间的上升沿时间为 62.5 ps，(a)~(k)对应的延时时间分别为 22.025 ns、22.0875 ns、22.15 ns、22.2125 ns、22.275 ns、22.3375 ns、22.4 ns、22.4625 ns、22.525 ns、22.5875 ns 和 22.65 ns。

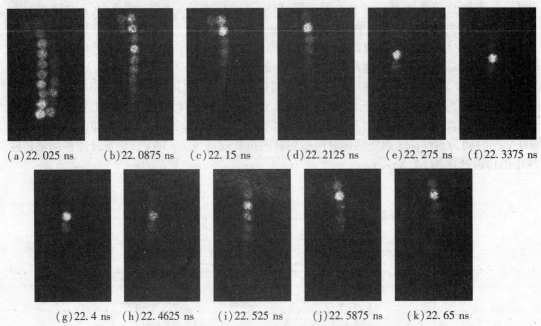

(a)22.025 ns　(b)22.0875 ns　(c)22.15 ns　(d)22.2125 ns　(e)22.275 ns　(f)22.3375 ns

　(g)22.4 ns　(h)22.4625 ns　　(i)22.525 ns　　(j)22.5875 ns　　(k)22.65 ns

图 6-20　同步在展宽脉冲不同位置的光纤束动态图像

根据 5.4.2 节中分幅变像管时间分辨率的估算方法，同步在展宽脉冲不同上升沿位置的分幅变像管时间分辨率和电子束展宽倍率分别如图 6-21 和图 6-22 所示，对应的时间分辨率(展宽倍率)分别为：105 ps(1 倍)、50.8 ps(2.1 倍)、25.4 ps(4.1 倍)、18.3 ps(5.8 倍)、13.2 ps(8 倍)、11.7 ps(9 倍)、11 ps(9.5 倍)、14.6 ps(7.2 倍)、19.4 ps(5.4 倍)、21.6 ps(4.9 倍)和 27.4 ps(3.8 倍)。采用公式(6-3)推导出的展宽脉冲斜率测试结果如图 6-23 所示，对应值分别为 0、0.81 V/ps、1.57 V/ps、2.08 V/ps、2.75 V/ps、2.96 V/ps、2.97 V/ps、2.12 V/ps、1.54 V/ps、1.34 V/ps 和 1.07 V/ps。在已知阴极加载电压初值为-3 kV 和计算时间步长为 62.5 ps，根据测量值估算的展宽倍率和展宽斜率，推导获得的展宽脉冲波形和幅值如图 6-24 所示，从两种对比来看，测试结果与脉冲原型，在脉冲幅值和形状上基本相似，但存在一定的误差，这与所采用的时间步长密切相关，并受限于展宽脉冲在同轴传输线的传输速率，也有可能与采用延时光纤束估算时间分辨率的方法有关，甚至还与电脉冲和光脉冲的晃动有关。通过对时间展宽分幅变像管时间分辨性能特性的理论和实验研究，能够拓展分幅变像管在测量皮秒超快电脉冲信号上的应用。

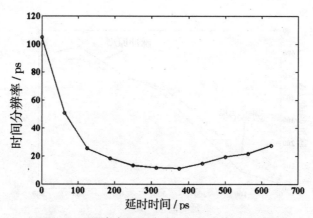

图 6-21　同步在展宽脉冲不同位置的时间分辨率

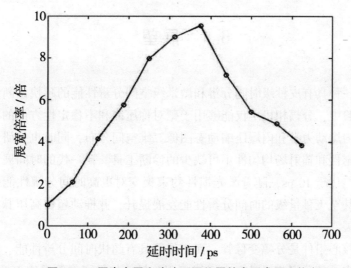

图 6-22　同步在展宽脉冲不同位置的电子束展宽倍率

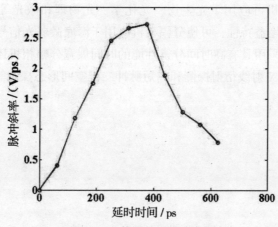

图 6-23　推导的展宽脉冲斜率

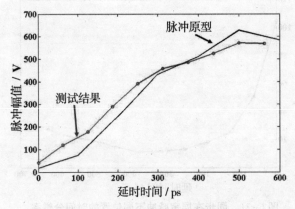

图 6-24　展宽脉冲原型和测量值对比

6.4　展望

分幅相机是一种具有皮秒级时间分辨和微米级空间分辨性能的超快诊断设备，在激光惯性约束聚变实验中，分幅相机不仅能够用于靶对称压缩和不稳定性方面的有效研究，而且能够用于获取内爆动力学和内爆压缩动态图像二维空间分布，同时也是研究临界面运动规律、界面不稳定性和辐射场均匀性不可缺少的诊断工具。新一代的时间展宽型分幅相机时间分辨率已经能优于 10 ps，随着激光惯性约束聚变对更高时间分辨性能的需求，分幅相机将向亚皮秒甚至飞秒量级的时间分辨性能发展提升，并推动超快高压脉冲技术及相关器件的进一步发展。

分幅相机的核心组件是分幅变像管，而变像管具有超快时间分辨性能、响应光谱范围大和增益高的特点，使分幅相机具有广阔的应用前景。如果变像管采用 X 射线光电阴极，分幅相机可应用于强场物理、等离子体和强激光等核物理领域的研究；如果采用近红外或者可见光阴极，分幅相机可应用于光生物、光化学、光物理和激光等瞬态光学现象的研究。此外，变像管的高增益特性，可使分幅相机应用于海底微弱光信号探测和三维激光雷达成像技术等领域。而采用具有高时间分辨性能的时间展宽分幅相机还可以应用于激光脉冲二维成型探测、超快 X 射线衍射探测和超短脉冲二维空间形态探测等领域的研究。

参考文献

[1] 朱士尧. 核聚变原理[M]. 合肥：中国科学技术大学出版社，1992.

[2] 赵维平. 可控核聚变技术——未来能源的希望[J]. 图书情报导刊，2012，22(23)：129-131.

[3] Pitts J H, Hovingh J, Walters S. Inertial-confinement fusion[J]. Fusion, 1982 71(11)：69-86.

[4] 张杰. 浅谈惯性约束核聚变[J]. 物理，1999，28(3)：142-152.

[5] 王淦昌. 21世纪主要能源展望[J]. 核科学与工程，1998(2)：97-108

[6] 王淦昌. 惯性约束核聚变研究的进展[J]. 核科学与工程，1984 (4)：5，11-24.

[7] 王淦昌，王乃彦. 惯性约束聚变的进展和展望(I)[J]. 核科学与工程，1989(3)：193-207.

[8] 王淦昌，王乃彦. 惯性约束聚变的进展和展望(Ⅱ)[J]. 核科学与工程，1989(4)：289-300.

[9] 王淦昌. 激光惯性约束核聚变(ICF)的最新进展简述[J]. 核科学与工程，1997，17(3)：266-269.

[10] Reynolds M P, Condon. A. G. Principles of inertial confinement fusion-physics of implosion and the concept of inertial fusion energy[J]. Reports on Progress in Physics, 1998, 59(9)：1071-1131(61).

[11] Perkins L J, Orth C D, Lawrence M T, et al. Inertial Confinement Fusion[J]. Review of Scientific Instruments, 2003 44：1097-1117.

[12] Glenzer S H, Macgowan B J, Michel P, et al. Symmetric inertial confinement fusion implosions at ultra-high laser energies[J]. Science, 2010, 327(5970)：1228-31.

[13] Hurricane O A, Callahan D A, Casey D T, et al. Fuel gain exceeding unity in an inertially confined fusion implosion[J]. Nature, 2014 506：343-348.

[14] 贺贤土. 惯性约束聚变研究进展和展望[J]. 核科学与工程，2000，20(3)：248-251.

[15] 林尊琪. 激光核聚变的发展[J]. 中国激光，2010(9)：2202-2207.

[16] 冯斌. 基于神光-Ⅲ原型装置的直接驱动靶面均匀照明理论研究[D]. 哈尔滨：哈尔滨工业大学，2008.

[17] 李宏勋，张锐，朱娜，等. 基于光束参量优化实现直接驱动靶丸均匀辐照[J]. 物理学报，2017，66(10)：198-209.

[18]李锦灿. 高功率激光驱动器光束聚焦特性研究[D]. 中国工程物理研究院, 2008.

[19]龚韬. 激光间接驱动惯性约束聚变中受激散射过程的理论和实验研究[D]. 中国科学技术大学, 2015.

[20]陈明玉. 激光在间接驱动靶腔壁上的投影焦斑分布特性[D]. 厦门：华侨大学, 2016.

[21]江少恩，董云松，黄天晅，等. 神光Ⅲ主机装置首次间接驱动内爆集成实验[J]. 强激光与粒子束, 2016, 28(8): 1-3.

[22]张家泰，胡北来，刘松芬. 快点火与惯性聚变能[J]. 激光与光电子学进展, 2002, 39(9): 4-8.

[23]晓晨. 快点火可能为聚变提供快捷途径[J]. 激光与光电子学进展, 2003, 40(1): 17-18.

[24]汪道友. 激光核聚变快点火新方案研究获重要进展[J]. 强激光与粒束, 2006, 18(2): 324-324.

[25]上海光机所. 激光核聚变快点火新方案基础物理研究取得重要进展[J]. 光机电信息, 2006(2): 43-43.

[26]Macphee A G, Divol L, Kemp A J, et al. Limitation on prepulse level for cone-guided fast-ignition inertial confinement fusion[J]. Physical Review Letters, 2010, 104(5): 173-176.

[27]李玉同. 快点火激光核聚变和实验室天体物理中的几个前沿问题[J]. 激光与光电子学进展, 2010(9): 9-13.

[28]杜凯. 快点火锥壳靶制备技术基础研究[D]. 北京：中国工程物理研究院, 2014.

[29]王衍斌. 快点火靶的新型概念和结构分析[J]. 强激光与粒子束, 2015, 27(3): 244-247.

[30]Okazaki R, Takaoka N, Nagao K, et al. Noble-gas-rich chondrules in an enstatite meteorite[J]. Nature, 2001, 412(6849): 795-798.

[31]Wang W M, Gibbon P, Sheng Z M, et al. Integrated simulation approach for laser-driven fast ignition[J]. Physical Review E Statistical Nonlinear & Soft Matter Physics, 2015, 91(1): 013101.

[32]Wang W M, Gibbon P, Sheng Z M, et al. Magnetically assisted fast ignition[J]. Physical Review Letters, 2015, 114(1): 015001.

[33]范滇元. 惯性约束聚变能源与激光驱动器[J]. 大自然探索, 1999(1): 31-35.

[34]李朝安. 惯性约束聚变的其他途径[J]. 激光与光电子学进展, 1983(1): 44.

[35]赵永涛，肖国青，李福利. 基于现代加速器的惯性约束聚变物理研究现状及发展[J]. 物理, 2016, 45(2): 98-107.

[36]咏涛. 美国惯性约束聚变计划的现状与成就[J]. 激光与光电子学进展, 2000, 7: 1-3.

[37]E Storm, J D Lindl, E M Campbell, et al. Progress in laboratory high gain ICF[C]. Italy：The Eighth Session Of the ISNW, 1988.

[38]叶青. 法国惯性约束聚变计划概述[J]. 激光与光电子学进展, 2000, 7: 4-6.

[39] 黄锦华. 受控核聚变研究的进展和展望[J]. 自然杂志, 2006, 28(3): 143-149.

[40] 王淦昌. 新科技革命的趋势与对策——惯性约束核聚变(ICF)物理研究的进展与展望
[J]. 物理实验, 1992, 12(3): 107-118.

[41] 丁耀南. 我国激光核聚变试验研究概述[J]. 核物理动态, 1995, 12(4): 21-26.

[42] 王乃彦. 我在惯性约束聚变研究中的贡献[J]. 中国科学院院刊, 1994, 3: 1.

[43] 林康春, 沈丽青, 田莉, 等. 神光Ⅱ装置高功率激光能量测量研究[J]. 中国激光,
2002, 29(s1): 263.

[44] 魏惠月, 彭晓世, 徐涛, 等. 神光Ⅲ原型装置的全孔径背向散射诊断技术[J]. 强激光
与粒子束, 2012, 24(12): 2773-2777.

[45] 张钧, 常铁强. 激光核聚变靶物理基础[M]. 北京: 国防工业出版社, 2004.

[46] 吴荣兵. 空心玻璃微球球壳准分子激光刻蚀的研究[D]. 武汉: 华中科技大学, 2004.

[47] 唐永建, 张林, 吴卫东, 等. ICF 靶材料和靶制备技术研究进展[J]. 强激光与粒子束,
2008, 20(11): 1773-1786.

[48] Mikaelian K O. LASNEX simulations of the classical and laser-driven Rayleigh-Taylor
instability[J]. Physical Review A Atomic Molecular & Optical Physics, 1990, 42(8):
4944.

[49] Miyanaga N. Smoothing of focused-beam pattern using two-dimensional spectral dispersion
performed at GEKKO XII[J]. Proceedings of SPIE-The International Society for Optical
Engineering, 1997, 3047: 746-756.

[50] 李玉同. 实验室和天体中的等离子体-等离子体相互作用实验研究[J]. 量子电子学报,
2014(1): 117.

[51] 宋鹏, 翟传磊, 李双贵, 等. 激光间接驱动惯性约束聚变二维总体程序——LARED 集
成程序[J]. 强激光与粒子束, 2015, 27(3): 54-60.

[52] 郑志坚, 郭秦. 激光驱动爆推靶特性研究[J]. 强激光与粒子束, 1989(2): 45-50.

[53] 李锋. ICF 实验中子探测器研究[D]. 合肥: 中国科学技术大学, 2007.

[54] 宗方轲. 大动态范围飞秒扫描变像管理论与实验研究[D]. 深圳: 深圳大学, 2015.

[55] 顾礼. X 射线飞秒条纹变像管设计与性能提高研究[D]. 深圳: 深圳大学, 2015.

[56] C Deeney, M R Douglas, R B Spielman. Enhancement of X-Ray Power from a Z-pinch
Using Nested-Wire Arrays[J], Phys. Rev. Lett., 1998, 81(22): 4883-4886.

[57] R L Kauffman, R W Lee, K Estabrook. Dynamics of laser-irradiated planar targets measured
by X-ray spectroscopy[J]. Phys. Rev. A , 1987, 35(10): 4286-4294.

[58] 胡仁宇, 郑志坚. 激光产生的高温高密度等离子体诊断技术[J]. 强激光与粒子束,
1990, 2(1): 1-15

[59] 李霞, 郝丽, 刘伟奇, 等. 激光显示中散斑减弱的研究[J]. 液晶与显示, 2007, 22(3):
320-324.

[60] 谭显祥. 高速摄影技术[M]. 北京: 中国原子能出版社, 1990.

[61] 白雁力. 时间展宽分幅变像管时空性能研究[D]. 深圳：深圳大学, 2017.

[62] 林位株. 飞秒激光与超快现象(Ⅱ)[J]. 物理, 1998(8)：263-267.

[63] 廖华. 中子扫描变像管超快诊断技术[D]. 西安：中国科学院研究生院(西安光学精密机械研究所), 2000.

[64] 雷晓红. 超快诊断中时间聚焦与时间放大技术的研究[D]. 西安：中国科学院研究生院(西安光学精密机械研究所), 2011.

[65] 刘蓉. X射线飞秒条纹相机关键技术的研究[D]. 西安：中国科学院研究生院(西安光学精密机械研究所), 2014.

[66] 徐大伦. 变相管高速摄影[M]. 北京：科学出版社, 1990.

[67] 牛憨笨. 变像管诊断技术[J]. 高速摄影与光子学, 1989(3)：196-205.

[68] 牛憨笨. 图像信息获取中的光电子技术[J]. 深圳大学学报(理工版), 2001 18(3)：75-87.

[69] 白永林, 刘百玉, 欧阳娴, 等. 高时空分辨诊断与超快电子学技术[C]. 武夷山：全国强场激光物理会议, 2004.

[70] 廖华, 杨勤劳. 神光Ⅲ主机大动态范围X射线扫描相机研制[J]. 真空科学与技术学报, 2015, 35(2)：250-254.

[71] 白晓红, 白永林, 刘百玉, 等. 神光原型诊断设备：门控针孔分幅相机的研制[J]. 光学精密工程, 2011, 19(2)：367-373.

[72] Zhong D P, Physics D O, Biochemistry A. Four Dimensional Electron Diffraction and Microscopy：Opportunities and Challenges[J]. Optics & Optoelectronic Technology, 2013, 11(5)：1-6.

[73] 卢从俊. 光示波器校准规范及眼图校准模块的研究[D]. 武汉：华中科技大学, 2008.

[74] 牛憨笨. 变像管诊断技术[J]. 光子学报, 1989, 18(3)：196-205.

[75] 牛憨笨, 水才, 赵积来, 等. B-37皮秒同步扫描相机系统的研究[J]. 光子学报, 1987(3)：63-64.

[76] 牛憨笨. 皮秒和飞秒变像管诊断技术在我国的发展[J]. 高速摄影与光子学, 1987(3)：64.

[77] 牛憨笨, 张焕文, 杨勤劳, 等. 变像管皮秒分幅和飞秒扫描相机的实验研究[J]. 光子学报, 1992, 21(1)：11-20.

[78] 周平, 陈永丽. 红外线在夜视技术中的应用[J]. 现代物理知识, 2002, 14(4)：34-35.

[79] 丁小华. 伪装目标紫外成像仪[D]. 南京：南京理工大学, 2013.

[80] 牛丽红, 刘进元, 彭文达, 等. 微通道板选通X射线纳秒分幅相机的研制[J]. 光学学报, 2008, 28(7)：1274-1278.

[81] 白雁力. X射线分幅相机发展研究[J]. 电视技术, 2013, 37(19)：254-257.

[82] Stoudenheimer R G, Moor J C. Image tube：US2946895 [P]. 1960.

[83] Charles D R, Wendt G. Contrast-Enhancing and Signal-Integrating Image-Intensifier Storage

Tube [R]. France, 1968.

[84] Charles D R, Carvennec F L. Infrared Pick-up Tube with Electronic Scanning and Uncooled Target[J]. Advances in Electronics & Electron Physics, 1972, 33: 279−284.

[85] 牛憨笨, 宋宗贤, 任永安, 等. 一种通用快门变像管[J]. 光子学报, 1979, 8(1): 42−55.

[86] 徐大纶, 高继魁, 黄玉金, 等. 一种变象管分幅/扫描的高时间分辨光谱测量方法[J]. 高速摄影与光子学, 1988(01): 36−39.

[87] 徐大纶. 国内外变象管高速摄影术的新进展[J]. 光子学报, 1980, 9(3): 32−45.

[88] 牛憨笨, 刘月平, 杨勤劳. 变像管同步扫描相机的理论分析[J]. 高速摄影与光子学, 1988(01): 12−18.

[89] 牛憨笨. 英国变像管相机的发展概况[J]. 高速摄影与光子学, 1983(02): 45−52.

[90] 高求是, 雷志远, 宋宗贤. X射线皮秒变象管扫描相机时空分辨率测量[J]. 高速摄影与光子学, 1989(01): 23−29.

[91] A E Huston. Image Tube High-speed Camera[J]. Advances in Electronics and Electron physics, 1966, 22: 957−968.

[92] A E Huston, S Majumdar. evelopments in Image Tube High-Speed Framing Cameras[C]. Proceedings of the 8th International congress on High-Speed Photography, 1968: 25−26.

[93] A E Huston. Electron Tubes for High-speed Photography [C]. Proceedings of the 9th International congress on High-Speed Photograph, 1970: 182−195.

[94] R P Randall. X-ray tubes[J]. Advances in Electronics and Electron physics, 1966, 22(6): 87−93.

[95] Chang Zenghu, Hou Xun, Zhang Xiaoqiu, et al. Development of picosecond X-ray framing camera[C]. SPIE, 1990: 1358.

[96] Ralph Kalibjian, Lamar W Coleman. Ultra-fast framing camera tube [C]. Proc. 13th ICHSPP, 1978: 447−450.

[97] A K L Dymoke, J D Kikenny, J Wielwald. A gated X-ray intensifier with a resolution of 50 picrosecond[C]. SPIE, 1983, 427: 78−83.

[98] D G Steams, J D Wiedwald, W M Cook, et al. Development of an X-ray framing camera[J]. Review of Scientific Instruments, 1986, 57(10): 2455−2458.

[99] Eckart M J, Hanks R L, Kilkenny J D, et al. Large-area 200-ps gated microchannel plate detector[J]. Review of Scientific Instruments, 1986, 57(8): 2046−2048.

[100] J D Kilkenny, P M Bell, D K Bradley, et al, High-speed gated X-ray images[J]. Rev. Sci. Instrum, 1988, 59: 1793.

[101] Bradley A D K, Delettrez J, Jaanimagi P A, et al. X-Ray Gated Images of Imploding Microballoons[C]. High speed photography videography and photonics VI. High speed photography videography and photonics VI, 1989: 176−185.

[102]P M Bell, J D Killlenny. Multiframe X-ray imags from a single meander stripline coated on a microchannel plate[J]. SPIE, 1989, 1155: 430-438.

[103]Finch A, Liu Yuan, zhen P, et al. Development and evaluation of a new fetosecond streak camera[J]. SPIE, 1989, 406: 1155.

[104]P M Bell, J D Killkenny. Measurements with a 35 psec gate time microchannel plate camera [J]. SPIE, 1990, 456: 1346.

[105]F Ze, R L Kauffman, J D Kilkenny, et al. A New Multichannel Soft X-ray Framing Camera for Fusion Experiments[J]. Rev. Sci. Instrum, 1992, 10: 5124-5126.

[106]Bell J D Kilkenny, O L Landen, et al. Multi-Frame X-ray Imaging with a Large Area 40ps Camera[J]. UCRL-JC, 1992, 9: 19-24.

[107]B H Failor, D F Gorzen, C J Armentrout, x et al. Busch. Characterization of two-gated microchannel plate framing cameras[J]. Rev. Sci. Instrum, 1991, 62(12): 2862-2871.

[108]Budil K S, Perry T S, Bell P M, et al. The flexible x-ray imager[J]. Review of Scientific Instruments, 1996, 67(2): 485-488.

[109]Bradley D K, Bell P M, Dymoke-Bradshaw A K, et al. Development and characterization of a single-line-of-sight framing camera[J]. Review of Scientific Instruments, 2000, 72 (1): 694-697.

[110]Holder J P, Piston K W, Bradley D K, et al. Further development of a single line of sight x-ray framing camera[J]. Review of Scientific Instruments, 2003, 74(74): 2191-2193.

[111]Han J L, Liu J Z. Progress on the development of a single line of sight x-ray framing camera [J]. Review of Scientific Instruments, 2004, 75(10): 4054-4056.

[112]Baker K L, Glendinning S G, Guymer T M, et al. Single line-of-sight dual energy backlighter for mix width experiments[J]. Review of Scientific Instruments, 2014, 85 (11): 170.

[113]Danly C R, Day T H, Fittinghoff D N, et al. Simultaneous neutron and x-ray imaging of inertial confinement fusion experiments along a single line of sight at Omega[J]. Review of Scientific Instruments, 2015, 86(4): 11E614.

[114]S R Nagel, A C Carpenter, J Park, et al. The dilation aided single-line-of-sight x-ray camera for the National Ignition Facility: Characterization and fielding[J]. Review of Scientific Instruments, 2018, 89(10): 10G125.

[115]J A Oertel, T Archuleta, M Bakeman, et al. A large-format gated X-ray framing camera [J]. SPIE, 2004, 5194: 217-222.

[116]Stripline Imagers for X-rays Introduction. http://www. kentech. co. uk/Tutorials. html.

[117]成金秀, 常增虎. MCP 选通 X 射线皮秒分幅相机研制进展[J]. 光学精密工程, 1996, 4(1): 44-48.

[118]成金秀, 温天舒, 杨存榜, 等. 激光等离了体时空能三维分辨测试系统[J]. 中国科学

（A 辑），1998，9（1）：85－89.

[119]成金秀，杨存榜，温天舒，等. 软 X 射线 12 分幅相机研制进展[J]. 科学通报，1997（6）：658－661.

[120]山冰，常增虎，刘进元，等. 四通道 X 射线 MCP 行波选通分幅相机[J]. 光子学报，1997，26（5）：449－455.

[121]成金秀，杨存榜，温天舒，等. 门控 MCP 软 X 射线皮秒多分幅相机[J]. 强激光与离子束，1999，11（5）：596－599.

[122]袁铮. 门控分幅相机的能谱响应特性研究[D]. 重庆：重庆大学，2009.

[123]Bing Shan, Zenghu Chang, Jinyuan Liu, et al. Gated MCP framing camera system[J]. SPIE, 1998, 2869：182.

[124]蔡厚智，刘进元，彭翔，等. 宽微带 X 射线分幅相机的研制[J]. 中国激光，2012，39（1）：0117001－0117001－7.

[125]蔡厚智，龙井华，刘进元，等. 大面积 MCP 选通 X 射线分幅相机的研制[J]. 深圳大学学报：理工版，2013（1）：30－34.

[126]T J Hilsabeck, J D Hares, J D Kilkenny, et al. Pulse-dilation enhanced gated optical imager with 5 ps resolution[J]. Review of Scientific Instruments, 2010, 81(10)：10E317－10E317－6.

[127]Nagel S R, Bell P M, Bradley D K, et al. Temporally Resolved Measurement of X-ray Radiation using DIXI, a Pulse-dilation Enhanced Gated Framing Camera[C]. Meeting of the Aps Division of Plasma Physics, 2011.

[128]Ayers M J, Chung T, Smith R F, et al. Performance measurements of the DIXI (dilation x-ray imager) photocathode using a laser produced x-ray source[J]. Proceedings of SPIE－The International Society for Optical Engineering, 2012, 8505(12)：2123－2128.

[129]S R Nagel, T J Hilsabeck, P M Bell, et al. Dilation x-ray imager a new/faster gated x-ray imager for the NIF[J]. Review of Scientific Instruments, 2012 83(10)：10E116－10E116－3.

[130]Ayers M J, Bell P M, Hilsabeck T J, et al. Design and implementation of Dilation X-ray Imager for NIF " DIXI" [C]. Target Diagnostics Physics & Engineering for Inertial Confinement Fusion II, 2013.

[131]S R Nagel, T J Hilsabeck, P M Bell, et al. Investigating high speed phenomena in laser plasma interactions using dilation x-ray imager[J]. Review of Scientific Instruments, 2014, 85(11)：11E504－11E504－6.

[132]Bai Y, Long J, Liu J, et al. Demonstration of 11-ps exposure time of a framing camera using pulse-dilation technology and a magnetic lens[J]. Optical Engineering, 2015, 54（12）：124103.

[133]白雁力，龙井华，蔡厚智，等. 短磁聚焦分幅变像管空间分辨率的模拟与测试[J]. 深

圳大学学报(理工版), 2015, 02: 178-182.

[134]蔡厚智, 龙井华, 刘进元, 等.电子束时间展宽皮秒分幅相机[J].红外与激光工程, 2016, 001(12): 54-59.

[135]Cai H, Xin Z, Liu J, et al. Dilation framing camera with 4 ps resolution[J]. Apl Photonics, 2016, 1(1): 343-348.

[136]白雁力, 龙井华, 蔡厚智, 等.双磁透镜对时间展宽分幅变像管性能的影响[J].激光与光电子学进展, 2016, 53(1): 013201.

[137]白雁力, 姚荣彬, 高海英, 等.高时间分辨分幅成像技术分析及性能测试[J].红外与激光工程, 2018, 47(6): 052003-1-6.

[138]Yanli Bai, Rongbin Yao, Haiying Gao, et al. Achieving a large detector sensitive area of short magnetic focusing pulse-dilation framing tube using a combination lens[J]. Optik, 2019, 178: 1097-1101.

[139]邱爱慈, 蒯斌, 曾正中.强脉冲X射线源与等离子体[C].成都: 核聚变与等离子体应用学术讨论会, 1998: 318-320.

[140]Shan Bing, Takeshi, Yanagidaira, et al. Quantitative measurement of X-ray images with a gated microchannel plate system in a Z-pinch plasma experiment[J]. Review of Scientific Instruments, 1999, 70(3): 1688-1693.

[141]Goodrich G W, Wiley W C. Continuous channel electron multiplier[J]. Rev. Sci. Instrum., 1962, 33(2): 762-765.

[142]Joseph L W. Microchannel plate detectors[J]. Nuclear Instruments and Methods, 1979, 162(11): 587-601.

[143]Liu Jinyuan. Application of a fast electrical pulse in gated multichannel plate camera[J]. Rev. Sci. Instrum., 2007, 78(055104): 1-4.

[144]Ward E H. Gain model for microchannel plates[J]. Applied Optics, 1979, 18(9): 1418-1423.

[145]常增虎.微通道板增益模型的首次碰撞问题[J].光子学报, 1995, 24(4): 318-322.

[146]Circular MCP and assembly series[N]. Hamamatsu Photonics.

[147]刘元震, 王仲春, 董亚强.电子发射和光电阴极[M].北京: 北京理工大学出版社, 1995: 134-166.

[148]向世明, 倪国强.光电子成像器件原理[M].北京: 国防工业出版社, 1999: 182.

[149]高秀敏, 蔡春平.微通道板玻璃的二次电子发射系数[J].应用光学, 1998, 19(4): 9-17.

[150]刘术林, 李翔, 邓广绪, 等.低噪声高增益微通道板的研制[J].应用光学, 2006, 27(6): 552-557.

[151]潘京生.微通道板及其主要特征性能[J].应用光学, 2004, 25(5): 25-29.

[152]杨文正.ICF用MCP选通软X射线皮秒分幅相机动态时空特性及新型多时间分辨诊

断技术研究[D].西安：中国科学院研究生院(西安光学精密机械研究所)，2008.

[153]微通道板(MCP)(N). http：//www. nvt. com. cn/cp3. html.

[154]Henhe. Ultrasoft X-ray reflection and production of photoelectrons(100-1000ev Region) [J]. Physical Review, 1972, 16(1)：94-104.

[155]G W Fraser. The characterization band of soft X-ray photocathodes in the wavelength band 1 -300A[J]. Nuclear Instruments and Methods, 1983, 206：251-263.

[156]袁铮，刘慎业，肖沙里，等.金阴极微通道板能谱响应的理论研究[J].光子学报，2009, 38(10)：2495-2500.

[157]Henke B L, Knauer J P, Premaratne K. The characterization of X-ray photocathodes in the 0. 1-10kev photon energy region[J]. J. Appl. Phys., 1981, 52(3)：1509-1520.

[158]B L Henke, J P Knauer, K Premaratne. The characterization of X-ray photocathodes in the 0. 1-l0keV photon energy region[J]. J. Appl. Phys., 1981, 52(3)：1509-1521.

[159]Landen O L, Lobban A, Tuttt, et al. Angular sensitivity of gated microchannel plate framing cameras[J]. Rev. Sci. Instrum., 2001, 72(1)：709.

[160]Rochau G A, Baileyj E, Chandler G A, et al. Energy dependent sensitivity of microchannel plate detectors[J]. Rev. Sci. Instrum., 2006, 77(10)：10E323-1-4.

[161]J L Gaines, R A Hansen. X-ray-induced electron emission from thin gold foils[J]. Journal of Applied physics, 1976, 47(9)：3923-3928.

[162]Chappell J H. The measurement of surface characters and quantum efficient on MCP coated with CsI[J]. Nucl. Instru. & Meth. in Phys. Res., 1987, A 260：483-490.

[163]Xiang Shiming. The hard X-ray quantum detection efficiency of CsI coated MCP[J]. SPIE, 1990, 1230：46-48.

[164]蔡厚智，龙井华，刘进元，等.无增益微通道板皮秒分幅技术研究[J].红外与激光工程，2015, 44(S)：109-112.

[165]裴鹿成，张孝泽.蒙特卡罗方法及其在粒子输运问题中的应用[M].北京：科学出版社，1980：1-118.

[166]蔡厚智，刘进元，牛丽红，等.微通道板动态特性的数值模拟[J].应用光学，2008, 29(6)：895~899.

[167]蔡厚智，刘进元，牛丽红，等.微通道板中电子时间倍增特性的数值模拟[J].强激光与粒子数，2009, 21(10)：1542-1546.

[168]Houzhi Cai, Jinyuan Liu, Lihong Niu, et al. Monte Carlo simulation for microchannel plate framing camera[J]. Optical Engineering, 2010, 49(8)：080502-1-080502-3.

[169]R G Lye, A J Dekker. Theory of Secondary emission[J]. Phys. Rev. 1957, 107(4)：977.

[170]Mohammad, Abuelma Atti. An Approximation formula for the secondary Emission Yield [J]. IEEE Tran. On Electron Devices, 1990, 37(6), 1590-1591.

[171]M Vaughan. A New formula for Secondary Emission yield[J]. IEEE Tran. On Elec. Dev.

1963, 36(9): 1963-1967.

[172] Yacobson. Estimation of the multiplication coefficient of a secondary electron multipller with a continuous dynode[J]. Radiotekh Election U. S. S. R. 1966, 11(1813): 1825.

[173] J Guest. A computer model of channel multiplier plate performance[J]. Acta Electronica, 1971, 14(1): 79-97.

[174] M A Furman, M T F Pivi. Probabilistic model for the simulation of secondary electron emission[J]. Phys. Rev. ST Accel. Beams, 2002, 5(12): 1-18.

[175] M Ito, H Kume, K oba. Computer analysis of the Photo-Multiplier tubes[J]. IEEE Tran. on Nuclear Sci. 1984, 31(1): 408-412.

[176] G E Hill. A computer model of channel multiplier plate performance [J]. Advanced Electronics and Electronic Physics, 1976, 140: 153-165.

[177] T E Allen, R R Kuz, T M Mayer. Monte-Carlo Calculation of low-energy electron emission from surface[J]. J. Vac. Sci. Technol., 1988, 6(6): 2057-2060.

[178] Authinarayanan, R W Dudding, Adv. Electron. Electron Phys. 1976, 40: 167-181.

[179] 侯继东. MCP 皮秒选通相机的理论[D]. 西安: 西安光学精密机械研究所, 1994.

[180] Ming Wu, Craig A. Kruschwitz, Dane V Morgan, et al. Monte Carlo simulations of microchannel plate detectors. I. Steady-state voltage bias results [J]. REVIEW OF SCIENTIFIC INSTRUMENTS, 2008, 073104: 1-7.

[181] 邹峰. 微通道板行波选通分幅相机动态特性的 Monte-Carlo 模拟[D]. 西安: 西安光学精密机械研究所, 2007.

[182] Burton, L Honke, Jerel A Smith. 0. 1-l0kV X-ray-induced electron emission from solide- Models and Secondary electron measurements[J]. Journal of Applied Physics, 1977, 48 (5): 1852-1866.

[183] 顾礼, 李翔, 周军兰, 等. 光电阴极光电子发射特性的蒙特卡罗方法研究[J]. 量子电子学报, 2018, 35(05): 29-33.

[184] J D Kilkenny. High speed proximity focused X-ray cameras[J]. Laser and particle beams, 1991, 9(1): 49-69.

[185] 宗方轲, 张敬金, 雷保国, 等. 单一视角 X 射线分幅变像管设计[J]. 光学学报, 2017 (5): 289-294.

[186] 杨文正, 白永林, 刘白玉, 等. 选通电脉冲宽度和幅度对微通道板选通软 X 射线皮秒分幅相机时间分辨的交互作用[J]. 电子学报, 2009, 37(3): 603-607.

[187] 朱鑫铭, 陈兰荣, 支婷婷. 用锁模激光控制的 GaAs 光电子开光[J]. 光学学报, 1983, 3(3): 276.

[188] James P Hansen, William Schmidt. A fast risetime avalanche transistor pulse generator for injection lasers[J]. IEEE Proceedings, 1967. 55(2): 216-217.

[189] Deborah J Herbert, Valeri Saveliev, Nicola Belcari, et al. First results of scintillator

readout with silicon photomultiplier[J]. IEEE Transaction on Nuclear Science, 2006, 53: 389-394.

[190] Alloncle, Anne-Patricia, Bouffaron, et al. Laser-induced forward transfer of 40nm chromium film using ultrashort laser pulses[C]. Proceedings of SPIE-The International Society for Optical Engineering, Atomic and Molecular Pulsed Lasers, 2006: 6263.

[191] Kangwook Kim, Waymond R Scott. Design of a Resistively Loaded Vee Dipole for Ultrawide-Band Ground-Penetrating Radar Applications[J]. IEEE TRANSACTIONS ON ANTENNAS AND PROPAGATION, 2005, 53(8): 2525-2532.

[192] 牛憨笨. 图像信息获取中的光电子技术[J]. 深圳大学学报(理工版), 2001, 18(3): 75-87.

[193] 侯洵. 超短脉冲激光及其应用[J]. 深圳大学学报(理工版), 2001, 18(2): 1-2.

[194] R B Hammond, N G Paulter, A. E Iverson, etc. Sub-100ps bulk-recombination-limited InP: Fe photoconductive detector [C]. Proc. Inter. Electron Devices Meeting, Washington, 1981: 157-160.

[195] 刘进元, 山冰. 半宽度为300ps超快高压电脉冲的产生与研究[J]. 电子学报, 1999, 27(8): 133-134.

[196] 山冰, 刘进元, 常增虎. 用于行波分幅的大功率皮秒高压电脉冲的产生[J]. 光子学报, 1996, 25(9): 844-846.

[197] 山冰, 刘进元, 常增虎. 8kV、140ps高压电脉冲的产生[J]. 电子科学学刊, 1997, 19(3): 428-430.

[198] R J Baker. High voltage pulse generation using current mode second breakdown in a bipolar junction transistor[J]. Rev. Sci. Instrum, 1991, 62(4): 1031-1036.

[199] 王晴. 高速电脉冲的产生与测量技术的研究[D]. 长春: 吉林大学, 2007.

[200] 魏剑涛. 探地雷达的分析和研究[D]. 大连: 大连理工大学, 2000.

[201] H M Rein. Relationship Between Transient Response and Output Characteristics of Avalanche Transistors[J]. Solid state Electronics, 1977, 20: 848-859.

[202] BRENT A. BEATTY S. Krishna M S. Adler. Second breakdown in power transistors due to avalanche injection[J]. IEEE transactions on electron devices, 1976, 23(8): 851-857.

[203] 桂建保. 一种开放式双MCP纳秒单幅相机及其应用[D]. 西安: 西安光学精密机械研究所, 2004.

[204] 王松松, 杨汉武, 舒挺. 传输线脉冲变压器的频率响应[J]. 强激光与粒子束, 2009, 21(9): 1431-1434.

[205] R J Baker. High voltage pulse generation using current mode second breakdown in a bipolar junction transistor[J]. Rev. Sci. Instrum, 1991, 62(4): 1031-1035.

[206] 蔡厚智, 刘进元. 超快脉冲电路的研制及应用[J]. 深圳大学学报(理工版), 2010, 27(1): 33-36.

[207] Grekhov I V, Kardo Sysoev A F. Subnanosecond current drops in delayed breakdown of silicon P-N junctions[J]. Sov. Tech. Phys. Lett, 1979, 5(8): 385-396.

[208] A K L Dymoke-Bradshaw, J D Hares, P A Kellett, et al. Applications for high voltage pulse generators [C]. IEE Colloquium on Pulsed Power '96, London, UK: IEE, 1996: 1 -7.

[209] Ronald J. Focia, Edl Schamiloglu, Silicon Diodes in Avalanche ulse-Sharpening Applications[J]. IEEE TRANSACTIONS ON PLASMA SCIENCE, 1997, 25(2): 138-144.

[210] 刘锡三. 高功率脉冲技术[M], 第一版. 北京: 国防工业出版社, 2005: 111-112.

[211] [美] Reinhold Ludwig, Pavel Bretchko. 射频电路设计——理论与应用[M]. 王子宇, 张肇仪译. 北京: 电子工业出版社, 2002: 25-45.

[212] [美] Devendra K Misra. 射频电路与微波通信电路——分析与设计[M]. 第二版. 张肇仪, 徐承和译. 北京: 电子工业出版社, 2005: 5-6, 43-6, 174-209.

[213] 盛振华. 电磁场微波技术与天线[M]. 西安: 西安电子科技大学出版社, 1998: 139.

[214] Bradley D K, Bell P M, Landen O L, et al. Development and characterization of a pair of 30-40 ps x‐ray framing cameras[J]. Review of Scientific Instruments, 1995, 66(1): 716-718.

[215] 杜秉初. 电子光学[M]. 北京: 清华大学出版社, 2002: 117-124.

[216] 孙伯尧, 汪健如. 电子离子光学计算机辅助设计[M]. 北京: 清华大学出版社, 1991.

[217] 雷云飞. 分幅变像管空间分辨性能与电子束莫尔条纹研究[D]. 深圳: 深圳大学: 2018.

[218] 廖昱博. 高时空分辨磁聚焦分幅变像管研究[D]. 深圳: 深圳大学: 2018.

[219] 周建兴, 廖广兰, 刘瑞祥, 等. 有限差分问题中的变网格技术[J]. 热加工工艺, 1999, 6: 49-51.

[220] 胡枫, 于福溪. 超松弛迭代法中松弛因子 W 的选取方法[J]. 青海师范大学学报(自然科学版), 2006, (1): 42-45.

[221] 周立伟. 宽束电子光学[M]. 北京: 北京理工大学出版社, 1993: 453, 481—482.

[222] 彭澜, 杨中海, 胡权, 等. 通电螺线管二维磁场有限元计算[J]. 强激光与粒子束, 2011, 23(8): 2151-2156.

[223] 周克定. 电磁场边界元分析的基本理论[J]. 微特电机, 1983(3): 1-6.

[224] 周克定, 邵可然. 电磁场边界单元法的应用[J]. 微特电机, 1983(4): 1-8.

[225] 蒋豪贤, 梁峰, 何志伟, 等. 二维边界元法的新算法[J]. 华南理工大学学报: 自然科学版, 1996(1): 131-137.

[226] E Kasper. An advanced boundary element method for the calculation of magnetic lenses[J]. Nuclear Instruments and Methods in Physics Research A, 2000, 450: 173-178.

[227] Bradley D J, Sibbett W. Subpicosecond chronoscopy[J]. Applied Physics Letters, 1975,

27(7): 382-384.

[228] Chauvin N. Space-Charge Effect[J]. Eprint Arxiv, 2014, 10(7991): 25-55.

[229] 王新华, 王爱平. 龙格-库塔法结构程序设计方法[J]. 淮北煤师院学报, 1995, 16 (3): 48-52.

[230] Niu H, Sibbett W. Theoretical analysis of space charge effects in photochron streak cameras [J]. Review of Scientific Instruments, 1982, 52(12): 1830-1836.

[231] Niu H, Sibbett W, Baggs M R. Theoretical evaluation of the temporal and spatial resolutions of Photochron streak image tubes[J]. Review of Scientific Instruments, 1982, 53(5): 563-569.

[232] Siwick B J, Dwyer J R, Jordan R E, et al. Ultrafast electron optics: Propagation dynamics of femtosecond electron packets[J]. Journal of Applied Physics, 2002, 92(3): 1643-1648.

[233] Qian B L, Elsayed-Ali H E. Comment on "Ultrafast electron optics: Propagation dynamics of femtosecond electron packets"[J]. Journal of Applied Physics, 2003, 94(1): 803-806.

[234] Siwick B J, Dwyer J R, Jordan R E, et al. Response to "Comment on 'Ultrafast electron optics: Propagation dynamics of femtosecond electron packets'"[J]. Journal of Applied Physics, 2003, 94(1): 807-808.

[235] Collin S, Merano M, Gatri M, et al. Transverse and longitudinal space-charge-induced broadenings of ultrafast electron packets[J]. Journal of Applied Physics, 2005, 98(9): 094910-094910-6.

[236] 白雁力, 姚荣彬, 高海英, 等. 空间电荷效应对时间展宽分幅变像管时空性能的影响 [J]. 光学精密工程, 2018(2): 261-267.

[237] Qian B L, Elsayed-Ali H E. Electron pulse broadening due to space charge effects in a photoelectron gun for electron diffraction and streak camera systems[J]. Journal of Applied Physics, 2002, 91(1): 462-468.

[238] 张良忠. 静电像管均方根半径的计算及像质评价[J]. 北京理工大学学报, 1998(3).

[239] 张良忠, 金伟其, 周立伟. 成像系统均方根半径及调制传递函数的计算[J]. 电子学报, 2000, 28(8): 5-8.

[240] 邵健中. 电子离子光学仪器原理[M]. 杭州: 浙江大学出版社, 1989.

[241] 赵国骏. 电子光学[M]. 北京: 国防工业出版社, 1985.

[242] Feng J, Engelhorn K, Cho B I, et al. A grazing incidence x-ray streak camera for ultrafast, single-shot measurements[J]. Applied Physics Letters, 2010, 96(13): 134102-3.

[243] Houzhi Cai, Wenyong Fu, Dong Wang, et al. Dilation x-ray framing camera and its temporal resolution uniformity[J]. Opt. Express, 2019, 27: 2817-2827.

[244] Houzhi Cai, Wenyong Fu, Dong Wang, et al. Synchronous gating in dilation x-ray detector

without 1: 1 image ratio[J]. Opt. Express, 2019, 27: 12470-12482.

[245] Houzhi Cai, Wenyong Fu, Dong Wang, et al. Large-format pulse-dilation framing tube with 5 lp/mm spatial resolution[J]. Optik, 2019(185): 441-446.

[246] Kelly J H, Waxer L J, Bagnoud V, et al. OMEGA EP: High-energy petawatt capability for the OMEGA laser facility[J]. Journal de Physique. IV, 2006(133): 75-80.

[247] D K Bradley, P M. Bell, J D Kilkenny, et al. High-speed gated X-ray imaging for ICF target experiment (invited)[J]. Review of Scientific Instruments, 1992, 63(10): 4813-4817.

[248] Nagel S R, Benedetti L R, Bradley D K, et al. Comparison of implosion core metrics: A 10 ps dilation X-ray imager vs a 100 ps gated microchannel plate[J]. Review of Scientific Instruments, 2016, 87, 11E311.

[249] Hilsabeck T J, Nagel S R, Hares J D, et al. Picosecond imaging of inertial confinement fusion plasmas using electron pulse-dilation[C]. International Congress on High-speed Imaging & Photonics, 2017.

[250] Wenyong Fu, Houzhi Cai, Dong Wang, et al. Time resolved x-ray image of laser plasma interactions using a dilation framing camera[J]. Optik, 2019(186): 374-378.

[251] Wenyong Fu, Dong Wang, Yunfei Lei, et al. Demonstration of induced current produced by a transited electron beam in an ultraviolet detector[J]. Optik, 2019(197): 163216.

[252] Brown P, Galloway R. Recent developments in underwater imaging using the ultrasonic image converter tube[J]. Ultrasonics, 1976, 14(6): 273-277.

[253] Lee O S, Read D T. Micro-strain distribution around a crack tip by electron beam moiré methods[J]. Journal of Mechanical Science and Technology, 1995, 9(3): 298-311.

[254] Read D R, Dally J W. Theory of Electron Beam Moiré[J]. Journal of research of the National Institute of Standards and Technology, 1996, 101(1): 47.

[255] Read D T, Dally J W. Theory of Moiré Fringe Formation with an Electron Beam[M]. IUTAM Symposium on Advanced Optical Methods and Applications in Solid Mechanics. Springer Netherlands, 2000.

[256] Lord Rayleigh. On the manufacture and theory of diffraction-gratings[J]. London, Edinburgh, and Dublin Philosophical Magazine, Series 4, 1874, 47: 81-93.

[257] Kishimoto, Satoshi. Microcreep deformation measurements by a moire method using electron beam lithography and electron beam scan[J]. Optical Engineering, 1993, 32(3): 522.

[258] 牛少梅. 修整电子束形状减轻 CRT 莫尔条纹[J]. 彩色显像管, 1997(3): 52-55.

[259] 廖华, 胡昕, 杨勤劳, 等. 宽量程高时间分辨扫描变像管[J]. 强激光与粒子束, 2011, 23(01): 79-82.

[260] Liao Y, Lei Y, Cai H, et al. Electron beam moiré fringes imaging by image converter tube with a magnetic lens[J]. Journal of Applied Physics, 2016, 119(21): 35-38.

[261] Lei Y, Liao Y, Long J H, et al. Observation of electron beam moiré fringes in an image conversion tube[J]. Ultramicroscopy, 2016, 170: 19-23.

[262] Yanli Bai, Rongbin Yao, Haiying Gao, et al. Measurement of electron beam moire fringes with pulsed-dilation framing camera using different lasers[J]. Optik, 2019, 195: 163149.

[263] Decker J E, Eves B J, Pekelsky J R, et al. Evaluation of uncertainty in grating pitch measurement by optical diffraction using Monte Carlo methods[J]. Measurement Science and Technology, 2011, 22(2): 027001.

[264] Amidror. The theory of the moiré phenomenon[M]. New York: Springer-Verlag Gmbh, 2009: 9-52.

[265] Yanli Bai, Rongbin Yao, Haiying Gao, et al. Theoretical research on obtaining of picoseconds dilated pulses with a framing imaged converter tube[J]. Optik, 2019, 186: 464-468.

[266] Parsons H M, Ekman D R, Collette T W, et al. Spectral relative standard deviation: a practical benchmark in metabolomics[J]. Analyst, 2009, 134(3): 478-485.